Pedro Blanco Naveros

El Universo, su conciencia cuántica y tu cerebro

Ediciones Corona Borealis

El Universo, su conciencia cuántica y tu cerebro - PEDRO BLANCO NAVEROS

Avda. Gregorio Prieto, 19 A
29010 Málaga
Tlf. 0034-951336282
www.coronaborealis.es

Maquetación editorial: Georgia Delena
Diseño de cubierta: Sara García

Primera edición: marzo 2020

Printed in Spain - Impreso en España

Índice

Introducción

Cuando terminé de escribir "El Centinela que nunca duerme: el Cerebro", publicado en Almuzara Editorial, en 2011, fui consciente que algún día debería escribir la segunda parte, dedicada a la Conciencia y es precisamente, "El Universo, su conciencia cuántica y tu cerebro", el ensayo que aborda tan fascinante tema, después de muchas investigaciones y de contrastar las principales teorías vigentes en estos momentos.

Como escritor y como ensayista, he aprendido que el propio desarrollo de la creación literaria, es el que se encarga de dirigir el contenido final de la obra resultante, lo que a veces no deja de ser sorprendente.

En un principio, inicié el ensayo enfocado estrictamente en la conciencia, estudiando las diferentes teorías actuales, sobre todo las que tratan de encontrar el correlato neuronal de aquella, y pronto comprendí que si quería ofrecer una visión amplia del problema, tendría que viajar y adentrarme en los entresijos de la física cuántica. Qué duda cabe que todo lo que somos y todo lo que conocemos, incluida la conciencia, tienen un mismo origen, el extraño y fascinante mundo de las partículas y las antipartículas virtuales, que danzan en una especie de espuma cuántica.

La materia y la antimateria tienen unas propiedades intrínsecas, que en nuestra vida inteligente constituyen verdades fundamentales de la propia naturaleza y una de las teorías más coherentes y consistentes de la conciencia, "la teoría de la información integrada", resucita el panpsiquismo filosófico y considera asimismo a la conciencia como un principio también fundamental, que está presente en toda la naturaleza y por tanto en todas partes, incluso en el propio cosmos: la conciencia cósmica. Sólo podemos conectar con ella a través de nuestras estructuras corticales, en las que cobran especial importancia los microtúbulos, unas estructuras tubulares que forman parte del citoesqueleto de las células y en cuyo entramado en forma de malla podría encontrarse el sustrato cuántico de nuestro cerebro, lo que haría posible que emergiera a través del mismo, la conexión con la conciencia universal.

Es posible encontrar dentro del sistema nervioso, los correlatos neuronales de las diferentes percepciones de los seres vivos, los correlatos neuronales de la percepción visual, de la percepción táctil, de la percepción acústica, de la percepción olfativa, etcétera, pero la conciencia es una propiedad intrínseca de la creación, al igual que tantas leyes fundamentales de la ciencia por las que se rige nuestra vida diaria.

Tal vez, quién descubra esto por primera vez, piense que lo que se dice va contra el sentido común o contra toda lógica, pero será porque desconoce los secretos, todavía no totalmente desvelados del mundo microscópico de donde procedemos.

Dada la gran complejidad que entraña la física cuántica, he redactado dos libros independientes pero que se complementan entre sí, éste referente a la Conciencia Cuántica y otro que abarca los principales paradigmas de la física cuántica y el origen desde la nada a los infinitos multiversos.

Al mismo tiempo, para hacer más amena y más comprensiva la lectura, he ido estableciendo supuestos diálogos entre mi cerebro y mi conciencia, en una especie de guiño literario y científico, en el que el soporte material, (el cerebro), sirve al mismo tiempo de vehículo de expresión (a la conciencia), representada por mi comprensión del conocimiento. La materia con su estructura, permite que aflore mi conciencia trascendente.

No puede faltar una amplia referencia a lo que denomino inteligencia cerebral y la enorme importancia, dentro de la configuración neuronal del ser humano, de los períodos críticos del desarrollo temprano.

También, tiene su cabida el estudio de la conciencia de los animales no humanos y una serie de técnicas de aprendizaje para aumentar nuestra capacidad de memorizar y nuestra capacidad de imaginar con el fin de conseguir alcanzar metas propuestas y superar trastornos de conducta, no olvidando así darle al libro una orientación de autoayuda muy interesante, citando otras técnicas como el tratak, la helioterapia, la fototerapia, la cromoterapia, etcétera, sin olvidar advertir del peligro que suponen ciertas creencias como el sungazing y sobre todo la inedia, que llevadas a extremos límites, pueden ocasionar serios problemas de salud e incluso la propia muerte por inanición, como es el caso de la alimentación solar sin ingerir ningún alimento sólido, ni líquido alguno.

Obligado citar a otro genio de la ciencia, a Santiago Ramón y Cajal, paradójicamente, en plena vigencia, pero no por su teoría neuronal, sino por su descubrimiento de las minúsculas espinas dendríticas, entre 10.000 y 20.000 en cada una de las dendritas, preferentemente de las neuronas piramidales, que intuyó debían actuar como los verdaderos receptores de la transmisión nerviosa, al ser, en el lugar que ocupa cada espina, donde se realizan las conexiones axodendríticas. Estas espinas son los "almacenes" de las unidades de memoria de la historia de cada ser vivo, por lo que su investigación es crucial para poder solucionar los problemas de determinadas enfermedades neuro-degenerativas, tales como la enfermedad de alzhéimer, en el que estas espinas desaparecen drásticamente según va evolucionando la dolencia.

Y es fundamental el estudio del pensamiento científico de uno de los más brillantes físicos contemporáneos, de origen inglés, Roger Penrose, por su teoría de la mente, (el objetivo principal al escribir este libro), que tal vez sea lo que más famoso le ha hecho y asimismo más polemizado, por afirmar que la mente es una manifestación de la naturaleza no explicable por las leyes físicas, basándose en el teorema de la incompletitud de Gödel, de que hay verdades incuestionadas para el entendimiento humano, imposibles de demostrar matemáticamente. Junto al profesor estadounidense Stuart Hameroff, médico anestesista, ambos postularon que tanto la conciencia como el cerebro son entidades separables.

Y dado a que uno de los propósitos de este ensayo es que sirva de autoayuda en cierto aspecto, para todos aquellos que puedan estar interesados en ello, se describe una técnica que se apoya asimismo en principios cuánticos de transmisión de energía, en el que los campos que interactúan son seres humanos, en el que uno o varios de ellos, transfieren energías positivas captadas del medio, hacia personas con cargas negativas, y conseguir así restablecerles su equilibrio energético y su simetría local, rota por trastornos diversos de conducta. Es lo que se denomina el "Quantum Touch".

La Conciencia cuántica que salió del Big Bang, es el resultado final de esta obra, que pretende ayudar a descifrar los grandes interrogantes que persisten en el siglo XXI acerca de nuestros orígenes y el sentido que pueda tener que haya surgido una vida inteligente en medio del inmenso cosmos.

Dialogando con mi Cerebro

Quiero primero aclarar, que este ensayo sigue un orden cronológico en su concepción, básicamente, mi evolución como ser humano desde etapas muy tempranas de la vida consciente, con las consecuencias y reflexiones que ello supuso y el eje principal de su contenido no es sólo la conciencia, sino todo aquello que ha dado lugar a que este milagro se produzca y seamos seres inteligentes, con lo que ocupa un lugar predominante, la biología, la cosmología, la astrofísica, las matemáticas, la física clásica, la física cuántica y por supuesto la psicología, amén de otras disciplinas, de una de las cuales no quiero olvidarme, la filosofía, que como su nombre griego "ΦιλοσοΦία" (amor por la sabiduría), ha influido profundamente siempre en el pensamiento de los seres humanos, por su estudio, haciendo énfasis en los argumentos racionales, de cuestiones fundamentales para la mujer y el hombre, como pueden ser, la verdad, la existencia, la moral, la mente, la belleza, etcétera; sin desdeñar la importancia de los datos empíricos; no podemos olvidar que muchos de los filósofos más prestigiosos fueron a su vez grandes científicos.

La sabiduría es la aplicación de la inteligencia en la experiencia propia, lo que nos capacita para reflexionar, obteniendo conclusiones sobre los hechos sometidos a estudio. Como dijo Aristóteles en su obra la Metafísica, "todos los hombres desean, por naturaleza saber", para llegar al conocimiento verdadero de las cosas.

Qué cerca se encuentra la definición de la sabiduría filosófica de lo que entendemos hoy día por conciencia, la subjetividad individual de un organismo, la conciencia reflexiva, conocer lo que se conoce; pero la gran diferencia no está en el objeto del conocimiento, muy similar entre sí, sino en el procedimiento posterior para validar dicho conocimiento, que necesariamente debe apoyarse en los resultados empíricos obtenidos y avalados para cualquier observador que quiera repetir el experimento, con las mismas premisas previamente establecidas y aquí es donde diverge significativamente el campo de la filosofía del conjunto de las disciplinas científicas.

Si verdaderamente queremos reflexionar sobre la conciencia, ¿qué es?, ¿dónde se asienta?, ¿cómo emerge?, etcétera, no nos queda otro remedio que adentrarnos en los orígenes del tiempo, no para saber cómo surgieron los seres vivos, sino para saber cuándo nació el tiempo mismo, y el espacio, y lo que conocemos como nuestro Universo. Ello es una aventura alucinante que ha tenido y sigue teniendo a la especie humana, tratando de desentrañar todos los misterios que le rodean y han hecho posible la vida que conocemos. Aún no sabemos el resultado final del por qué estamos aquí, aunque la ciencia siempre ha ido resolviendo los grandes enigmas de una manera elegante y sencilla, porque aunque parezca que la naturaleza es muy compleja, a la hora de la verdad aparece como su propio nombre indica, de "carácter natural" y por tanto contrapuesto a lo milagroso o sobrenatural, y abarca desde el mundo subatómico al galáctico y también, tal vez, ¿por qué no?, al mundo multiversal.

Desde niño he sido muy pensativo y metodológico y no me he aburrido nunca, he encontrado siempre algo en lo que distraerme o divagar e incluso he llegado a jugar con trozos de papeles de periódico, a los que asignaba diferentes personalidades del mundo del deporte o del cine.

Me atrajo pronto la psicología aún desconociendo su significado y una de las metas que tenía que cumplir, era estudiar dicha disciplina, como así hice años más tarde.

Curiosamente, la propia vida es la mejor escuela a la que se puede asistir no sólo como alumno, sino como parte activa de los procesos y experimentos psicológicos. Así, muchas de las habilidades de las que me he servido posteriormente en mi beneficio o en el de mis pacientes, las he aprendido de esta forma, refrendadas, ampliadas y perfeccionadas con las enseñanzas universitarias, las de postgrado y sobre todo, con la sabiduría que da la realización de la propia profesión.

En el ensayo ya citado: "El centinela que nunca duerme: el Cerebro", de Almuzara Editorial, traté de plasmar mis experiencias como psicólogo clínico, a la vez que desarrollé una novedosa teoría psicológica, que titulé "la psicología cerebral", que en muy resumidas palabras es la psicología del cerebro, la psicología de las neuronas, las células especializadas del sistema nervioso.

Ya en ese libro, se llegaron a conclusiones como éstas:

> "Es el cerebro, el órgano donde se asienta todo lo que somos o dejamos de ser.
>
> Nuestra personalidad está dispersa en ese tejido nervioso y el placer no está en la zona corporal acariciada, sino en uniones de células situadas en el neocórtex. "

Lo que realmente somos, es un cerebro lleno de más o menos neuronas, conectadas con los diferentes órganos necesarios para realizar las funciones que conocemos como actividades humanas.

Pues bien, esta teoría la empecé a esbozar en aquellos años jóvenes de curiosidad y observación relajada, ávido de todo tipo de aprendizaje y experiencia.

Sin saberlo y sin proponérmelo, comencé a descubrir y comprender el funcionamiento de ese órgano tan maravilloso y complejo que denominamos cerebro.

"El cerebro es un gran desconocido para el hombre", "sólo empleamos una ínfima cantidad de nuestro cerebro", "posiblemente dentro del cerebro se encuentre el alma en su sustrato terrenal y es por ello el gran desconocimiento del mismo". Tengo que reconocer que todas estas aseveraciones no me convencieron en absoluto y que en secreto iba tramando mi propio esquema que luego fui desarrollando al paso de los años.

Lo contemplaba todo y trataba de escuchar conversaciones de adultos referentes al tema de la vida, del cuerpo humano, del cerebro. Más tarde en mi propio escondrijo, en mi cerebro personal, creaba, planeaba, pensaba, imaginaba, todo un mundo de hipótesis, tesis y antítesis, y así me divertía y era feliz. Mi madre no acababa de conectar conmigo, ni podía imaginarse mi gran mundo interior, muy alejado del de las actividades lúdicas que le correspondían a un niño de mi edad en aquellos años.

Miraba el cielo mi otra gran pasión y sobre todo las estrellas y procuraba que un primo hermano, mayor que yo, que poseía un telescopio, me mostrase los principales planetas, en especial, Saturno, ante quién quedaba extasiado, viendo como flotaba en la lejanía con sus impresionantes anillos. Mi cuerpo entero se estremecía ante aquella enigmática visión, ante tanto misterio. Ello era, mi cuento de hadas y la base de los relatos fantásticos de mi niñez, soñaba despierto con Saturno e imaginaba que volaba hacia él y mis sueños eran diferentes, según el día o el momento, pero siempre aparecía algo nuevo, distinto al viaje anterior; sin duda, Saturno ejerció una atracción muy especial en mis esbozos de experiencias conscientes. Y Saturno fue mi antesala del Universo, quedé impresionado de por vida ante tan colosal bóveda celestial y siempre he seguido con mucha atención los avances científicos que poco a poco han ido desentrañando sus ancestrales secretos.

También me sentaba en la arena y contemplaba el mar: "con las olas van que vienen y van". ¡Qué belleza y qué gran tranquilidad! El mar es bello hasta cuando ruge.

Igualmente disfrutaba con las grandes tormentas veraniegas, una lluvia intensa que me empapaba de arriba abajo, con truenos y relámpagos constantes y esos grandes rayos de luz intensa y cegadora, culebrinas de formas caprichosas.

Y qué sentido tenía todo aquello, ¿porqué estaba allí, cómo se había formado?

¿Para qué tantos astros celestes sin sentido y tanto espacio sin contenido? Además la distancia con nosotros los hacían inaccesibles.

¿Y el ser humano? ¿De dónde veníamos y para qué estábamos? Mi curiosidad predicha por Aristóteles de mi deseo de saber, no se cansaba de formular preguntas a mi cerebro pensante. No acababa de comprender nuestras simetrías, dos brazos, dos ojos, dos piernas, dos orejas, dos nalgas, etcétera, pero sólo una cabeza, un hígado, un corazón....

Mi mente infantil no lograba llegar a una comprensión muy acertada, pero iba dando sus primeros pasos: Es lógico tener dos piernas, sin ellas no podríamos caminar, dos brazos para poder coger bien las cosas, dos nalgas para poder sentarnos bien equilibrados, etcétera. Un sólo corazón es suficiente para bombear la sangre que necesitamos para movernos y así poco a poco iba formando mi teoría más simple de la vida, pero seguía sin encontrar respuesta al sentido de la existencia del hombre ni a la necesidad de tantos astros brillando por la noche; me pareció siempre un derroche exagerado de la naturaleza, tal vez hubiese sido suficiente habernos quedado con nuestro sol, nuestra luna, algunos planetas y unas pocas de estrellas más, pero la Vía Láctea era algo inmenso, además en aquel entonces estaba firmemente convencido que el cielo, como yo lo llamaba, era estático y permanente en el tiempo, hacia el pasado, en el presente y hacia el futuro, siempre había sido así y lo seguiría siendo. Tumbado en la playa o en el campo solía divagar ante aquel escenario inabarcable y nunca lograba atisbar tan siquiera su verdadero significado, era algo muy bello y me entretenía viendo como cambiaban de brillo aquellos lejanos luceros pero me preguntaba a mí mismo: en realidad qué hacían allí y todavía más complicado, quién lo había hecho.

La época que me tocó vivir, era de muchas carencias y pocas actividades complementarias, sin apenas espacios para jugar y reunirse, aún no existían la televisión, ni los videojuegos. Mi primer juguete fue una caña que recogí de uno de los muchos cañaverales que había en mi contorno y la transformé en mi caballo, ¡qué grandes carreras a lomo de nuestras cañas, hice con mis amigos de entonces!

Esa falta de posibilidades de diversión, hizo que me dedicara a congeniar con el mundo de mi propia conciencia, lo que unido a una gran imaginación, dio como resultado que mi mejor amigo fuese mi cerebro. Mi primer gran amigo verdadero, que vivía escondido dentro de mi cabeza.

Dialogaba grandes ratos con él y aprendí mucho, prácticamente todo lo que soy y de conversar con mi cerebro pasé a observar otros cerebros que paseaban por la calle: el cerebro de un niño, el de una mujer agradable, el de un hombre cabizbajo, también observaba los cerebros de los animales más próximos, incluso el de los insectos y a la vez que observaba, adivinaba lo que creía que estaba ocurriendo en esos cerebros.

No me cabía la menor duda, lo más importante de los seres vivos era su cerebro, y gracias a él podíamos comunicarnos, ir o venir, hablar, nada parecía tener sentido sin el cerebro.

Con el aprendizaje de la lectura di un salto de gigante, porque al margen de estar leyendo todo el día "El Quijote", libro de texto con el que verdaderamente aprendí a leer y a escribir sin faltas de ortografía, disfruté con la genial fantasía de Cervantes, y pude acceder a otros libros y en un golpe de suerte me regaló un familiar, médico de profesión, un libro de biología muy interesante sobre las teorías de Darwin y de la evolución humana. Leí ávido todo su contenido.

Aquello iba encajando, sin plantearnos el origen de la vida, estaba meridianamente claro que el hombre al igual que el resto de los seres vivos había tenido el mismo origen. Una especie de llamemos burbujas flotantes insignificantes, bautizadas como coacervados por Oparin, importante biólogo y bioquímico ruso que aportó grandes avances conceptuales sobre el origen de la vida terrestre, así, al referirse al caldo prebiótico, enunció los coacervados, los verdaderos protobiontes, formados por partículas de sustancias proteínicas, que constituían verdaderos enjambres moleculares y que vivían en una tierra incipiente, llena de volcanes, terremotos, grandes tormentas, con formación en el cielo de gases espesos y de nubes inmensas, las que cubrieron de agua completamente un globo terráqueo semilíquido compuesto de magma en su mayor parte, cual caldo primigenio, borboteante y humeante.

Ese caldo se fue enfriando, surgió una atmósfera azulada, aparecieron continentes, grandes lluvias formaron ríos caudalosos y los coacervados se fueron transformando en burbujas más grandes y más complejas, siendo el origen de los primeros protozoos, en el transcurso de millones de años. Luego surgieron los metazoos y algunos aprendieron a vivir fuera del agua, otros en el subsuelo o en el aire, pero todos, absolutamente todos, procedían de los coacervados más primitivos.

La lectura me fue descubriendo el origen de la Tierra y cómo habíamos surgido los seres vivos. Era muy emocionante, el mismo origen para todos, desde una gallina, un ratón, una planta, un insecto, hasta el ser humano, emparentados con unas burbujas flotantes en un magma primigenio.

Había un denominador común, nuestros ascendientes necesitaban energía para poder desarrollarse, la que recibían normalmente del sol y combustible para alimentar sus organismos, fagocitando elementos varios de la naturaleza, incluidos sus propios congéneres.

Pero lo que más llamó mi atención, fue que unos peces minúsculos, que vivían en los mares del período cámbrico hace más de quinientos millones de años, ocupaban selectivamente las zonas más superficiales de su hábitat, recibiendo directamente la energía solar sobre su dorso, por lo que desarrollaron en el mismo una especie de primordio, sistema nervioso en forma de banda sensorial, embrión del sistema nervioso humano, para poder captar el movimiento dentro del agua de otros organismos microscópicos, que constituían su principal alimento, y que se movían asimismo en el líquido elemento, sistema muy eficaz, ya que avisaba al pez de la presencia de futura comida así como de la aparición del sol sobre su horizonte, subiendo hacia la superficie para recibir la energía tan indispensable para su supervivencia. En mi pensamiento, imaginaba los pececillos de color plateado, con una banda azulada en lo que constituía el primordio sensorio, y cómo captaban el movimiento de sus presas, con las imperceptibles ondas que éstas producían al ir moviéndose por el agua, y también como advertían las ondas luminosas que el sol proyectaba, lo que les hacía subir de inmediato a la superficie para recibir el benéfico calor energético sobre sus diminutos cuerpos.

Y fue así como apareció el boceto que la naturaleza diseñó para ir construyendo el primer sistema nervioso con sus primeras células, las primeras pseudoneuronas, siendo su objetivo fundamental el de proporcionar información a su poseedor, para que pudiese obtener energía y alimento, ambas cosas vitales, para poder sobrevivir en su medio de asentamiento.

- Cerebro, sabes que venimos de un cerebro muy pequeño, de unos peces minúsculos anteriores incluso a nuestra prehistoria y que lo más importante es captar información; sin información no habría vida desarrollada, tú, Cerebro, captas la información que necesito para poder vivir, a través de tus neuronas y te pasas la vida estableciendo nuevas conexiones, haciendo funcionar conexiones ya establecidas o tendiendo puentes entre unas neuronas y otras neuronas según mis nuevas experiencias.

- Así es, querido Humano, me encargo continuamente del funcionamiento de las neuronas y de captar toda la información que necesitas para poder vivir, pero además te facilito todo aquello que tiene interés para ti. Te informo de los estímulos que están a tu alrededor y que te facilitan alcanzar tus deseos.

Cuando quieres algo de verdad, yo te doy continuamente pistas para que puedas conseguir tus objetivos. A veces me haces caso, otras no, y de ello depende el tiempo que tardes en llegar a tu meta final. Ten en cuenta que estamos en un medio bombardeado por estímulos continuos de todo tipo, de los que hago que ignores la mayor parte de ellos.

En este mismo momento, tal vez puedas captar los latidos de tu corazón, pero deberás concentrarte para ello, habrá múltiples sonidos cercanos y lejanos, visiones de todo tipo, gran cantidad de olores; todo lo estoy captando yo, tu cerebro, pero sólo te transmito lo que verdaderamente vas a utilizar en cada instante de tu comportamiento, entre otras cuestiones para que no te sientas confundido, inmerso en un mundo infinito de estímulos que te impedirían vivir, y que debe estar controlado por alguien que te avise, o bien de un peligro próximo o de una oportunidad que estás buscando. Y ya sabes quién se encarga de ese arduo trabajo, a través de mis miles de millones de neuronas, soy tu mejor amigo y vivo exclusivamente para ti y ni tan siquiera duermo un sólo segundo, pues una cabezada mía podría ser fatal para tu vida.

Además, soy quién conoce a la perfección, tus inquietudes, tus sinsabores, no tienes secreto alguno que yo no conozca, puedo penetrar hasta en lo más recóndito de tus pensamientos, no podrás engañarme jamás, siempre sabré como te sientes de verdad.

Querido Humano, si eres alguien y puedes vivir, es gracias a mí, tu cerebro, y debes saber que soy insensible a cualquier estímulo que apliques a mi tejido, a mi estructura blanda y amorfa, no noto nada con el contacto exterior, pero sí sé cuando eres feliz o sufres con un gran dolor, mis conexiones neuronales me lo van indicando y voy leyendo cada mili segundo de lo que te está ocurriendo como persona.

Debes mantener siempre una gran comunicación conmigo y sacar el máximo provecho de nuestra estrecha amistad, y no olvides nunca que si te enfrentas a mí, tendrás serios problemas para poder sobrevivir e incluso podrías provocar tu muerte y la mía, pues estamos asociados a morir el mismo día y a la misma hora.

Aunque no lo apercibas a simple vista, tengo miles de millones de neuronas conmigo, la mayor parte de ellas están libres, con unas terminaciones preparadas para enlazarse con otras neuronas, pudiendo llegar a formar grandes y complejas redes neuronales, pero aún no lo han hecho. Otras en cambio sí están enlazadas con varias o múltiples neuronas, vecinas o alejadas físicamente entre sí. Todo este entramado está a tu disposición y dispones de él a tu voluntad, con una excepción muy importante, hay una serie de neuronas conectadas, unas desde tus primeras fases embrionarias dentro de tu vientre materno y otras en estadios posteriores y que están encargadas de asegurar la homeóstasis de nuestro organismo compartido, algo así, como asegurarnos que el corazón va a dar sus latidos, que los pulmones van a funcionar adecuadamente y que todas aquellas funciones vitales inconscientes siguen su estricto protocolo de supervivencia.

Otras neuronas las has ido enlazando tú, mi querido Humano, con tus continuas experiencias y comportamientos diarios. Cada vez que imaginas o piensas en algo, estás enlazando neuronas entre sí, algunas por primera vez y otras ya enlazadas de ocasiones anteriores o con grandes grupos de neuronas bien asentadas, grupalmente hablando. Todo va a depender del tipo de pensamiento y reiteración del mismo. Esas redes neuronales establecidas, debido a la frecuencia de uso, tendrán más posibilidad de dispararse en el futuro, aún en ausencia de los estímulos originales, haciéndose más patentes durante el sueño y ocupando nuestra mente en situaciones de poca actividad del intelecto, como en momentos de algún tipo de relajación normal del quehacer diario a lo largo del día, o simplemente en ratos de descanso esporádicos.

Aquellas conversaciones interiores me sobrecogían, me consideraba el dueño de la magia más poderosa del planeta. Poder conversar con mi propio cerebro era alucinante y el diálogo surgía más fluido según iba avanzando en la dificultad de mi aprendizaje autodidacta.

No tenía la menor duda de que todos los seres vivos tenían el mismo origen, la materia pura y dura, que tras complicadas transformaciones, unidas a casualidades increíbles de la naturaleza, había producido la materia orgánica en sus múltiples expresiones y hábitats.

Aquellos pececitos dieron lugar a los cordados con un neuroeje que se fue invaginando en el tiempo, para proteger de los golpes, tan sensible materia nerviosa, esbozo primigenio de la médula espinal y de la futura columna vertebral. Había surgido el orden de los vertebrados.

La Información es el verdadero sentido de la evolución

El sentido de la evolución prioritario, era la captación de información; sin información, el individuo que fuese no podría sobrevivir. De acuerdo que el motor principal de la selección de las especies era poder adaptarse en el medio que fuese, pero sin información, sería imposible saber dirigirse a la fuente nutricional, así como el de tener el conocimiento necesario para poder defenderse de los peligros externos.

Las mutaciones favorables de las especies para adaptarse al medio que le había tocado vivir, se transmitían posteriormente y favorecían la propagación de esa especie con esas características, pero las mutaciones más importantes eran aquellas que afectaban al desarrollo de ese neuroeje que facilitaba enormemente la información. Tanta importancia llegó a tener, que posiblemente pasó a ser lo primordial para asegurar la supervivencia de los seres vivos.

Y lo que en un principio no se cuestionó, como podía ser la cantidad de células nerviosas y su funcionamiento, llegó a ser planteado por la propia naturaleza, dada la importancia creciente que el hecho tenía. Tal vez, para seres vivos de órdenes inferiores fuese suficiente con unas pocas células, como el ectoplasma de los pececitos del periodo cámbrico, y puede ser que tampoco necesitasen muchas neuronas algunas de las variedades que poblaban el subsuelo amazónico, pero de lo que no cabe la más mínima duda es que el hombre, aspirante a dominar la propia naturaleza, necesitaba cantidad ingente de neuronas, para conseguir la mayor información posible.

Y en este aspecto, la bipedestación fue crucial en la eclosión cerebral de los homínidos. Sin ella no habría podido llegar el hombre a las actuales cotas intelectuales, aún muy por debajo de su verdadera potencialidad.

Con la bipedestación, el cerebro se liberó de sus ataduras craneales y liberó gran espacio físico para miles de millones de neuronas y trillones de conexiones sinápticas. La información triunfaba en grado máximo.

El hombre no era el rey de la creación, sino el cerebro, esa materia gris llena de circunvoluciones, para asegurarse mayor almacenamiento. El cerebro dominaba tanta información que incluso podía permitirse el lujo de emplear una parte de la misma en un aspecto puramente lúdico, muchas conexiones neuronales no eran para asegurar su futura supervivencia, sino para lograr únicamente el placer de vivir.

Pero al margen de ello, no podían descuidarse funciones típicamente fundamentales para afrontar el riesgo de la vida, así como ejercer la posibilidad de trasladar esa materia mágica de neuronas por espacios diferentes.

Y la solución fue simplista en grado máximo, aprovechar en el filo, los sistemas nerviosos de otras especies anteriores:

invertebrados, para filtrar todos los estímulos del entorno; reptiles, para la función de coordinar el movimiento, mantener el tono muscular y regular los procesos vegetativos tales como, la respiración, presión sanguínea; mamíferos, para activar el organismo, con un estado de alerta general para una posible situación de "lucha o huida", ante una amenaza inminente, y el de los homínidos, encargados de las funciones típicamente humanas, pensamiento, lenguaje, creatividad, y coordinar todos los sistemas nerviosos entre sí, ejerciendo funciones directivas y "tomando la última decisión", con algunas excepciones muy especiales.

Nuestro cerebro había conseguido su propósito, ser lo más fascinante de cuánto existe. El neocórtex, el telencéfalo, no era una cantidad más o menos variable de tejido adiposo, sino el sustrato mismo de la Conciencia humana, capacitado para recibir información continua y variable, analizarla y sacar sus propias conclusiones, así como proporcionar al organismo actividades diversas, algunas muy placenteras, y para no vivir encerrado dentro de su segura bóveda craneana, lo que le hubiera supuesto su desaparición inmediata por inacción; se había válido del phylum de otras estructuras anteriores, para captar y visionar toda clase de estímulos externos e internos y lo que es tan crucial, el poder trasladarse de un lugar a otro con sus miembros inferiores y superiores. De esta manera no sólo disponía de excelente información, sino que podía seguir buscando estímulos de toda clase en el medio y sacar el máximo provecho de ellos.

La Conciencia

Y de repente emergió la conciencia individual de los homínidos, un sustrato inexorablemente vinculado al cerebro, con una concepción subjetiva de la realidad de cada individuo. Por decirlo de otra forma, el cerebro es una especie de maquinaria de miles de millones de células funcionando con trillones de sinapsis entre sí y la conciencia es la expresión de dicha fábrica en funcionamiento. La subjetividad individual de un organismo en su vórtice de poder, sobre sí mismo y sobre el resto de especies que pueblan el universo circundante.

Conciencia, del latín cum scientîa, significa literalmente: "con conocimiento", no tiene un correlato físico y no existe ninguna definición consensuada sobre la conciencia, pero fundamentalmente, la conciencia es lo opuesto a la objetividad, es el estado subjetivo de percibir los estímulos tanto internos como externos, la capacidad de conocer las propias percepciones, más que a los estímulos que las producen; en resumidas cuentas la conciencia es reflexión, siendo consciente en primer término del "yo", y desde ese yo, es la propia percepción subjetiva consciente. Ante los estímulos, con independencia de la medida y definición objetiva de los mismos, la conciencia del yo, captará su propia sensación subjetiva, incomunicable, diferente a la de otras personas.

Y surge el eterno enigma científico y filosófico, desde Platón y Aristóteles hasta Kant, Descartes, Leibniz, etcétera, la experiencia subjetiva, el dualismo de la relación mente-cuerpo. ¿Cómo es posible que un ente inmaterial como lo es la conciencia, interaccione con un ente material como lo es el cerebro? ¿Cómo puede darse ese mágico y misterioso salto cualitativo de la materia, del mundo físico, expresado en la inmensa actividad neuronal del cerebro, con la inmaterial experiencia subjetiva de la conciencia?

Pero la conciencia no es un fenómeno del "todo o nada", hay distintos grados de conciencia, desde la inconsciencia a la consciencia y distintos estados del yo, desde el reposo a la vigilia, como hay dos tipos de conciencia, la conciencia primaria, llamada también consciencia sensorial, que es la experiencia propioceptiva, exteroceptiva e interoceptiva de los diferentes estímulos que nos llegan y la conciencia reflexiva, la conciencia per se, metacognición o consciencia de nivel superior, privativa del ser humano, que incluye el proceso de integración, es decir, conocer lo que se conoce, ser consciente de que se es consciente.

Las neuronas en sí, no solo transmiten impulsos nerviosos y secretan neurotransmisores, sino que con su actividad relacional, hacen posible el proceso de codificar y entender los estímulos que nos llegan, son las propias neuronas las que reconocen los estímulos, los memorizan e incluso expresan sensaciones hacia ellos, es más, por ejemplo en la visión, las imágenes son captadas por neuronas de la corteza visual primaria, según la intensidad y distintas bandas de frecuencia (colorido), de los estímulos proyectados; para ser trasladados a través del tálamo a redes neuronales establecidas en zonas corticales más profundas, que desarrollan un procesamiento visual más avanzado, y donde se establece la percepción visual consciente. Se ha comprobado que hay neuronas en el hipocampo que solo reaccionan a estímulos visuales conocidos y permanecen en reposo si le son desconocidos. Esta especificidad demuestra, que existe una percepción visual consciente, incluso a niveles tan simples, como reaccionar ante un objeto ya conocido. Por supuesto podemos imaginar que habrá otras redes neuronales de procesamiento más complejas y que se dispararán ante un estímulo que además de ser reconocido, tenga algún tipo de información que implique algún riesgo o posibilidad adicional para el observador.

De todas maneras, este tipo de percepción consciente, estudia aspectos de la conciencia muy alejados de lo que debe entenderse por conciencia global del sujeto consciente del medio exterior, donde tiene lugar la verdadera experiencia consciente subjetiva.

El ser humano trasciende sobre la propia materia, su conciencia se instala en un peldaño superior de la materia, es la mismidad, pero vinculado a su cerebro físico, es la manifestación holística de su sustrato, pero no hay conciencia individual sin cerebro, van indefectiblemente unidos.

-Cerebro. En realidad tienes el mismo origen que el Universo y estás compuesto por la misma materia primigenia, tal vez unas partículas subatómicas infinitesimalmente pequeñas o unas cuerdas aún más diminutas, pero lo grandioso no es que de ahí haya surgido la vida que de por sí es algo inimaginable, lo verdaderamente increíble es, cómo es posible que la materia adquiera conciencia de su existencia, creando los pensamientos, gracias a conexiones neurales y sea capaz de reflexionar teniendo en cuenta toda la información adquirida y almacenada, en esos trillones de conexiones constituidas, y poder relacionarse con otras materias inteligentes.

Dentro de mi concepción humana es algo misterioso y mágico que roza lo sobrenatural, que queda por encima de las posibilidades de mi intelecto el poder descifrarlo.

-Querido Humano. No hay nada esotérico en la Naturaleza, y no existe en este Universo algo que pueda ser incomprensible para la ciencia, al contrario, todo lo que ocurre tiene sus fundamentos matemáticos y sus leyes físicas que lo explican. Otra cuestión es el tiempo que la mente humana necesita para llegar a la verdad de aquello que decide investigar. Más tarde o temprano los científicos van descubriendo los secretos más ocultos, como lo demuestra la historia desde sus principios. La materia desde sus orígenes ha estado y está en un baile frenético de vibraciones que dan lugar a muchísimas partículas en sus continuas interactuaciones, en una cifra ascendente de imposible cuantificación y tiene como resultado la creación de multieventos de todo tipo, como puedo ser yo, tu Cerebro, cargado de neuronas, (con múltiples dendritas que se comunican a través del axón con las telodendrias, cargadas de botones sinápticos que se entretelazan entre sí y constituyen redes interminables), que llevan en su interior los microtúbulos, unas estructuras tubulares que además de servir como parte del citoesqueleto de las células, le producen una gran inestabilidad dinámica. Ahí tienes el secreto de tu intelecto, de tu conciencia, la arquitectura neuronal hace posible que surjan los pensamientos y estos a su vez, al computar multitud de circuitos ensamblados llenos de contenido diverso, más pensamientos, recuerdos, experiencias, que dan como resultado una reflexión para que la Conciencia actúe en consecuencia; es la integración de la información necesaria en cada ocasión la que se manifiesta como un todo conscientemente. No hay intervención divina, ni ninguna mediación prodigiosa, solamente, la materia en su devenir incesante ha producido el Cerebro y su expresión a través de la Conciencia.

Más sencillo es pensar que la mente es una consecuencia lógica de la actividad cerebral, de donde surgen, el lenguaje, los pensamientos, las reflexiones, etcétera, que creer que es producto de alguna mediación exterior con poderes sobrenaturales.

Correlatos neuronales de la Conciencia.

La Teoría de la Información Integrada. La primera novela escrita por un ordenador: "Amor verdadero"

Dado que la subjetividad es la percepción de lo que ocupa nuestra mente, muchos científicos buscan los correlatos neuronales de las diferentes percepciones de los seres vivos, los correlatos neuronales de la percepción visual, de la percepción acústica, de la percepción táctil, de la percepción olfativa, etcétera, búsqueda de correlaciones entre algunas áreas del cerebro y algunos estados de la conciencia.

Existen dos grandes teorías para los correlatos neuronales de la conciencia subjetiva del ser humano, una localizacionista en alguna de las capas profundas de integración de conexiones neuronales, posiblemente en el neocórtex, de la información de la actividad nerviosa objetiva y abstracta, en su proceso de integración, y la otra, es la que considera la experiencia de la conciencia subjetiva particular como una propiedad emergente del cerebro, al identificarse el individuo con esa percepción subjetiva, según el biólogo molecular británico Francis Crick, premio Nobel de medicina en 1962 y uno de los dos descubridores de la estructura molecular del ADN, junto con James Watson, en 1953. Es decir, la emergencia se consigue al formar otro nivel de organización, con una nueva estructura con nuevas propiedades, que integra prácticamente toda la información disponible en los trillones de conexiones neurales del cerebro y que posibilita la aparición de la conciencia dentro del cerebro, La conciencia sería un epifenómeno que se puede explicar con la actividad cerebral.

Hay más teorías al respecto, aunque casi todas ellas pueden integrarse con matices en alguna de las dos ya citadas, pero sí conviene citar una tercera teoría muy novedosa y bastante revolucionaria, dentro de los postulados clásicos por los que se suele mover la ciencia, que diverge ampliamente de lo hasta ahora estudiado y que en la actualidad ocupa principalmente las investigaciones del neurólogo Christof Koch, que fue gran colaborador de Francis Crick. Se trata de la Teoría de la Información Integrada, desarrollada por el neurocientífico Giulio Tononi.

Koch hizo saber a la comunidad científica su convicción de que la conciencia es una característica fundamental de la realidad, que está presente en todas partes y se manifiesta a través del cerebro, lo que en filosofía se conoce como panpsiquismo.

Para David Chalmers, reconocido filósofo australiano, la conciencia es asimismo una de las verdades fundamentales de la naturaleza, como el tiempo, el espacio, la masa, las leyes de Newton, ley de la gravedad o de la mecánica cuántica. Además la conciencia puede ser universal; cada sistema consciente puede tener una medida de reflexión, desde el hombre, los animales, los insectos, hasta las partículas más elementales tienen un mayor o menor grado de percepción. La conciencia así entendida ha podido ir de lo simple a lo complejo en el transcurso de la evolución darwiniana, desde algún precursor primitivo de la conciencia en su primera aparición, hasta la conciencia compleja del hombre. La gran eclosión cerebral con trillones de conexiones neurales siguiendo el sentido evolutivo adicional de obtener una mayor información del medio, al margen del sentido estricto de la evolución por selección natural darwiniana, ha posibilitado la obtención de una conciencia prodigiosa para la especie humana que la ha colocado en la cúspide de la naturaleza.

La manera más fácil de poder relacionar el pensamiento con el proceso físico, para establecer una ciencia del pensamiento, es vincular la conciencia con la información, pues el procesamiento de información requiere reflexión, más elaborado en el hombre y más simple en las partículas más elementales como puede ser un fotón.

Para Giulio Tononi, la conciencia está directamente relacionada con la información, y para desarrollar su teoría se inspiró en Claude Elwood Shannon, matemático e ingeniero electrónico americano, apodado como "el padre de la teoría de la información", gran conocedor de la álgebra booleana, (estructura algebraica que esquematiza las operaciones lógicas) y de los circuitos digitales.

Claude Shannon defendió la idea de que todo sistema de comunicación (lenguaje, televisión, radio, etcétera) puede medirse.

En su obra: "Una teoría matemática de la comunicación", mide la cantidad de información de cualquier mensaje, para lo que cuantifica el número medio de bits necesarios, de todos los posibles mensajes que se pueden codificar del mensaje originario,

Obtener información de un fenómeno es reducir el grado de incertidumbre que tengamos de ese fenómeno, y estableció una fórmula matemática, que se conoce como entropía de Shannon, para medir el promedio de incertidumbre, de tal manera que obtendremos más información cuanto más disminuya la incertidumbre.

No habrá incertidumbre cuando el receptor descifre el mensaje y obtenga conocimiento del mensaje emitido.

La señal emitida por un emisor en un mensaje, no coincidirá nunca exactamente con la señal recibida por el receptor debido a una serie de perturbaciones, (ruido, atenuación, distorsión etcétera.)

Giulio Tononi, asimismo estableció una medida matemática de integración de la información, que llamó phi y que mide el grado de información integrada de un sistema, la información es la forma en la que definimos la reducción de incertidumbre, y utiliza como ejemplo clásico el modelo del fotodiodo, que cambiará su estado 1 o 0, en función de que haya o no luz.

Los seres humanos reducen mucho la incertidumbre con cada observación, el cerebro no es una cantidad más o menos variable de neuronas, que actúan en paralelo a semejanza de los fotodiodos, sino que proporcionan gran cantidad de información que luego integran entre sí. Tononi lo compara con un sensor de una cámara fotográfica, que capta gran información de cada objeto fotografiado, a base de gran cantidad de puntos que pueden estar, o bien encendidos o bien apagados, pero carece de integración, por lo que no se podría interpretar el conjunto, al contrario que el cerebro que no sólo capta gran cantidad de estímulos sino que posee la facultad de integrarlos inmediatamente entre sí e interpretar el significado que representan. Ello explicaría por qué la conciencia fluye cuando el sujeto está despierto y está casi apagada cuando el sujeto está dormido, porque durante el sueño profundo la integración sería casi nula, al contrario de cuando está despierto. Este hecho ha servido para investigar la posible ubicación de la Conciencia, en investigaciones realizadas con pacientes anestesiados para ser sometidos a una intervención quirúrgica, tratando de encontrar el correlato neuronal de la conciencia, en las zonas aparentemente deprimidas por el efecto del anestésico.

El nivel de conciencia de un sistema correlaciona con la cantidad de información integrada de ese sistema y la conciencia se manifiesta a través del cerebro, en función de esa información integrada.

Al ser conscientes de algo, somos conscientes de mucha información diferenciada, forma, colorido, sonido, olor, y al estar la información integrada, somos conscientes del total, es irreductible, no podemos ser conscientes de contenido sin forma, por poner un ejemplo.

Un cerebro tiene un alto grado de phi, lo que implica mucha conciencia, debido a la gran cantidad de redes neurales integradas y correlacionadas entre sí. Un microbio tendrá un grado muy pequeño de phi, pero distinto de cero, lo que implica muy poca conciencia.

Tal vez sea uno de los pocos métodos que podríamos aplicar para obtener una ciencia de la reflexión, integrar así la conciencia al mundo físico y poder cuantificar su flujo de percepción consciente. Todo proceso físico en el cerebro tiene que estar acompañado por la reflexión para que se haga consciente y establezca una percepción subjetiva.

Las computadoras según esta teoría tendrían conciencia al procesar información que puede ser muy compleja e integrada. A este respecto se calcula que dentro de unos años, los ordenadores portátiles tendrán la capacidad del cerebro, aunque ello no significará según otros científicos que puedan ejercer la conciencia de forma similar al ser humano, ya que carecerán de la comprensión de la información recibida y almacenada. Los bits efectivamente existirán y las respuestas serán casi idénticas a las que pudiera esperarse de los seres vivos, pero la máquina no tendrá experiencia subjetiva al carecer de comprensión sobre la información que procesa. De todas formas, llegará el momento que será muy difícil de calibrar, si una computadora podrá ir alcanzando determinados niveles de comprensión, no olvidemos el ingenio tecnológico del ser humano y qué tipo de computadoras habrá dentro de cien o mil años. La máquina irá obteniendo "experiencia subjetiva" a base del software necesario, máxime al poder poseer una memoria ilimitada con la irrupción de la computadora cuántica y los qubits.

Seguramente, nunca se hubiera podido imaginar el lector, menos aún sus ascendientes, que una editorial rusa denominada Astral SPb, haya editado la primera novela escrita totalmente por un ordenador en 2008, habiendo necesitado un mínimo de retoques de un editor humano. El título, nada original, "Amor Verdadero", pero lo fascinante es que sólo en tres días ha terminado de confeccionar el manuscrito aplicando el programa PC Writer, con un vocabulario y las herramientas literarias usadas en los siglos XIX y XX, por 13 escritores rusos y de otros países. El argumento y el hilo conductor se basa en la conocida novela de León Tolstöi, "Anna Karenina" y desarrollada en una isla desierta.

En un concurso literario de novela corta promovido por Nikkei en 2014, premio Shin`ichi Hoshi, se presentó "Konpyuta ga shosetsu wo kaku hi", ("El día en que una computadora escribe una novela"), redactada por una serie de programas informáticos, desarrollados por científicos de la Universidad del Futuro de Hakodate. Llegó a ser finalista aunque no ganó el premio final, sin que los jueces se apercibiesen de que se trataba de inteligencia artificial. Además de los 1450 manuscritos presentados, 11 fueron obra asimismo de inteligencia artificial. En las bases se estableció que los manuscritos podrían ser redactados por "cualquier no-humano, desde aliens hasta animales", con la condición sine qua non, de que estuviesen escritos en japonés.

En un proyecto conjunto, científicos, ingenieros y expertos del arte, han diseñado un programa de inteligencia artificial específico para pintar usando una impresora 3D, con el estilo inconfundible de Rembrandt. Para ello los desarrolladores se han basado en 168.263 fragmentos pictóricos del total de pinturas conocidas del famoso pintor, 346 para ser más exactos. Un software de aprendizaje detallado combinado con un algoritmo de rasgos faciales, ha permitido identificar los patrones característicos de su pintura, incluyendo un estudio de mapa de alturas tridimensional. El resultado ha sido "El Próximo Rembrandt", ("The Next Rembrandt"), un retrato de un caucásico de mediana edad, con la cara girada hacia la derecha, una imitación perfecta, difícil de descubrir incluso para expertos en arte.

La pregunta fácil es: ¿qué se puede esperar que consiga una computadora, supongamos, dentro de mil años?

The Next Rembrandt

Igualmente puede haber percepción grupal, considerando los innumerables grupos que podrían considerarse, tales como el universo, hasta el planeta tierra, como desde una nación determinada hasta un grupo familiar; una especie de conciencia colectiva, independiente de la conciencia individual.

Después de analizar estas distintas teorías, surge la necesidad de reflexionar si la conciencia es propia de la especie humana o se hace extensible a todo el reino animal y en qué momento filogenético y ontogenético se adquiere.

Y por último, si admitimos que la conciencia es fundamental y universal, habría que admitir que la conciencia ha existido siempre en nuestra naturaleza y en el universo, lo que implicaría que en algún momento de la creación, del big bang originario de la materia, apareció la conciencia o siendo aún más osados, que fue la propia conciencia la que inició el big bang.

La maduración de estructuras nerviosas adecuadas habrían posibilitado la manifestación de la conciencia a través de dichas estructuras, que no deberían diferir mucho de las estructuras ontogenéticas, que lo hacen posible para las teorías localizacionista y la de las propiedades emergentes. No sólo hay seres conscientes, sino que la conciencia puede manifestarse en cualquier sistema de información integrada. El contenido de la información total integrada del universo, implicaría el máximo valor de phi y el mayor grado de conciencia universal.

Dentro de los distintos seres vivos, solo el ser humano, dispone de la capacidad de tener la consciencia primaria y la consciencia reflexiva y a través de esta última, con el lenguaje y los diferentes procesos del pensamiento, ha conseguido alcanzar cotas intelectuales inimaginables.

Más interesante que tratar de descubrir si la conciencia como experiencia subjetiva del individuo tiene correlatos neuronales, será descubrir en qué tramo del desarrollo orgánico y funcional del cerebro tiene lugar la aparición de la conciencia humana.

La experiencia consciente subjetiva se adquiere cuando determinadas estructuras cerebrales culminan su fase evolutiva y hacen posible la aparición de la propiedad emergente de la conciencia, y desaparece cuando algunas de estas estructuras sufren daños irreversibles, caso entre otros, de la enfermedad de alzheimer en estadios avanzados de la afección y en la que seguirán funcionando muchos de los correlatos neuronales de las percepciones que se reciban, pero sin que el sujeto sea consciente de su trascendencia, de donde se infiere claramente la gran correlación existente entre el cerebro y la conciencia.

La conciencia surge en un momento del desarrollo cerebral de los seres humanos y la mejor correlación que puede estudiarse sobre el tema, nos la ofrece la muerte física del cerebro. Cuando un cerebro muere, no hay conciencia y se considera la muerte física de ese ser humano.

La Conciencia en el reino animal

La ciencia ortodoxa ha reconocido recientemente conciencia en animales no-humanos, específicamente los mamíferos, las aves y los pulpos.

La Declaración de Cambridge sobre la conciencia, se firmó el 7 de julio de 2012, en la Universidad de Cambrigde, tras una serie de conferencias sobre la conciencia y concluyó que los animales no-humanos tienen conciencia. "The Cambridge Declaration on Consciousness" fue suscrita por un grupo internacional de científicos prominentes, de diversas áreas, neurocientíficos cognitivos, fisiólogos, anatomistas, neurofarmacológicos, computacionales, encontrándose entre ellos el prestigioso físico teórico británico, Stephen Hawking y el ya citado neurólogo americano Christof Koch.

Philip Low, eminente investigador de la Universidad de Stanford y de MIT (Massachusetts Institute of Technology), de los Estados Unidos, en la presentación de la Declaración, manifestó:

"Decidimos llegar a un consenso y hacer una declaración para el público que no es científico. Es obvio para todos en este salón que los animales tienen conciencia, pero no es obvio para el resto del mundo. No es obvio para el resto del mundo occidental ni el lejano Oriente, no es algo obvio para la sociedad".

En la declaración, los científicos afirman que:

"De la ausencia de neocórtex no parece concluirse que un organismo no experimente estados afectivos. Las evidencias convergentes indican que los animales no humanos tienen los sustratos neuroanatómicos, neuroquímicos y neurofisiológicos de los estados de conciencia junto con la capacidad de exhibir conductas intencionales. Consecuentemente, el grueso de la evidencia indica que los humanos no somos los únicos en poseer la base neurológica que da lugar a la conciencia. Los animales no humanos, incluyendo a todos los mamíferos y pájaros, y otras muchas criaturas, incluyendo a los pulpos, también poseen sustratos neurológicos." Cambridge University, UK.

Además, la investigación no solo ha demostrado la capacidad de los animales para percibirse a sí mismos en su contexto dentro de la naturaleza, sino que la Neurociencia ha descubierto que las áreas cerebrales que nos diferencian a los seres humanos del resto de las especies animales, no son las que originan la conciencia, porque "las estructuras cerebrales responsables por los procesos que generan la conciencia en los humanos y otros animales son equivalentes"

Tal vez sea este último apartado el más interesante de toda la Declaración, y el que mayores implicaciones tiene a la hora de desarrollar la teoría de la conciencia como una verdad fundamental de la naturaleza, que siempre ha estado ahí, a disposición de todos los seres vivos.

La presencia del neocórtex no es la responsable de la emergencia de la conciencia, puesto que animales que carecen de dicha estructura, sí presentan signos de conciencia.

El neocórtex es la estructura que hace posible lo que se conoce como conciencia reflexiva, que es la que permite el proceso de integración, es decir ser consciente de nuestro conocimiento. Los investigadores también consideran que la reflexión es la que posibilita la auto-consciencia. Sin embargo la conciencia primaria es la que permite experimentar sensaciones, memoria, ensueños, etcétera. Por tanto los seres humanos tienen conciencia primaria y conciencia reflexiva, ésta última gracias al desarrollo de su neocórtex.

Los animales no humanos, solo tendrían conciencia primaria, conciencia sensorial, pero la realidad indica que hay especies que también son autoconscientes, aunque carezcan de estructuras corticales superiores y aunque aparentemente no tengan facultad de integrar toda la información que reciben, es evidente la capacidad de auto-consciencia que presentan, los animales son conscientes de su propia existencia, lo que implica que tienen conciencia por lo menos a nivel de definición básica del diccionario: la conciencia es la consciencia de la propia existencia.

Lo que no parece albergar la más mínima duda es que los animales sufren y experimentan placer de forma muy similar a la de los seres humanos. Esa manifestación de Descartes de que los animales son incapaces de sentir dolor porque carecen de alma o ese postulado teológico de dominio recogido en el Génesis, donde es dado a Adán el dominio del mundo no humano, son obsoletos y fuera de contexto de los avances tanto tecnológicos como de pensamiento de los tiempos que vivimos.

El auto reconocimiento en un espejo se da en muchas especies animales, elefantes, ballenas, chimpancés, gorilas, orangutanes, perros, delfines, urracas, etcétera.

El conteo es una capacidad que demuestra inteligencia, el ejemplo más notable lo presentan los cormoranes, aves acuáticas que capturan peces al zambullirse en el agua, y que los emplean los pescadores chinos para pescar, dándoles como recompensa el octavo pez de los que pescan, por lo que cuando han capturado ocho peces, se niegan a seguir zambulléndose mientras no reciban su premio.

Hay una especie de cuervo que usa un palo para sacar insectos de los troncos de los árboles y otra clase de cuervos japoneses se han hecho urbanos en el incesante tráfico de las gran ciudad, arrojando nueces en los cruces peatonales de calles muy frecuentadas, para que sean aplastadas por las ruedas de los automóviles que circulan sin cesar, hasta que el semáforo se pone verde para los peatones y rojo para los vehículos, momento que aprovechan para recuperar las nueces partidas.

Hay investigaciones que indican que no sólo existen determinadas especies de aves que se comunican entre sí con el canto, sino que entienden estructuras gramaticales que combinan según unas reglas sintácticas específicas.

El delfin mular de Australia, es conocido por la tradición de colocarse esponjas marinas que previamente rompen, para adaptarlas a su hocico y con las que se sumergen en el fondo marino en busca de alimento. La explicación se debe a que hay peces que se entierran en la arena, entre piedras, para no ser localizados por la ecolocalización de los delfines que emplean precisamente este sistema para detectar su alimento. Comoquiera que los delfines conocen esta técnica mimetizadora, remueven el fondo para descubrir a los embozados pececillos y engullirlos rápidamente. Las esponjas tienen la finalidad de proteger sus hocicos de posibles cortaduras y golpes contra las piedras y contornos escarpados, mientras ejecutan dicha exploración.

Del pulpo se dice que es el más inteligente de todos los invertebrados. El pulpo es un cefalópodo octópodo, por sus ocho brazos llenos de ventosas y no tiene esqueleto óseo ni caparazón alguno, por lo que le resulta muy fácil huir por las oquedades más inverosímiles, debido a su gran capacidad para estirar su cuerpo y adaptarlo al contorno por el que circula, es el mejor mago del escapismo. Su única defensa es su pico, similar al de los loros y que se encuentra en su boca con el que inocula un veneno paralizante para sus presas y que en el caso de los pulpos de anillos azules es mortal para el hombre.

Famoso fue el pulpo que se encontraba recluido en un acuario de un centro de investigación y que por las noches cuando no había ningún vigilante a su alrededor, salía sigilosamente de su encierro y transitaba por el laboratorio hasta llegar a otro acuario que albergaba cangrejos, situado encima de una mesa bastante alta, por lo que trepaba por la misma, se introducía en el acuario y se comía dos o tres cangrejos, hasta que recorría el camino inverso y se introducía en su hábitat artificial. Fue descubierto por una cámara de video vigilancia puesta al efecto, al observar el encargado del recinto la visible merma de cangrejos en el transcurso de un mes.

Quiero citar el comportamiento colectivo de unas abejas nativas japonesas, que han aprendido a desarrollar una técnica grupal para defenderse de los ataques cruentos de los avispones gigantes exploradores. Éstos realizan sus incursiones mandando exploradores individuales (de aquí su nombre), para localizar ubicaciones de nidos de abejas; una vez encontrados, depositan una feromona para que les sirva de identificación del lugar y más tarde retornan con un ejército de avispones que mata a todas las abejas, se comen su miel y se llevan sus larvas para que sirvan de alimento para sus crías.

Hay que tener en cuenta que 30 avispones pueden acabar con 30.000 abejas, sufriendo escasas bajas, dada la diferencia enorme de tamaño y de defensas; los avispones con sus mandíbulas trocean fácilmente los cuerpos de las abejas y les cortan de un bocado sus cabezas, además soportan muy bien las picaduras que reciben de ellas, teniendo que recibir muchísimos aguijones para que les sobrevenga la muerte.

Pues bien, las abejas japonesas, más fuertes en este aspecto evolutivo que sus parientes las abejas europeas, al constatar cerca de su nido la presencia de un avispón, en vez de atacarlo para ahuyentarlo, sabedoras de que la única misión que le trae, es marcar con una señal, una feromona, la ubicación del lugar donde se encuentran, y que el peligro vendrá después, se mantienen pasivas incitando así en cierta manera al avispón para que penetre en la colmena, cosa que al final suele hacer y cuando éste empieza a segregar la feromona, las abejas se comunican entre sí mediante movimientos abdominales, y a una señal determinada, todas a una, como en Fuenteovejuna, (pieza teatral del dramaturgo español Lope de Vega), se lanzan contra el invasor rodeándolo completamente mientras agitan sin cesar sus alas, produciendo de esta manera una vibración colectiva. No le clavan sus aguijones, tan sólo un baile frenético de vibraciones de alas, que conlleva un aumento de energía dentro de sus cuerpos y por consiguiente un aumento de la temperatura que se crea alrededor del avispón, hasta alcanzar los 47ºC; las abejas soportan temperaturas de hasta 48ºC, mientras que el avispón sólo hasta 46ºC, por lo que cae fulminado, asado lentamente en la parrilla formada por los cuerpos de las abejas emitiendo calor. De esta manera nunca podrá regresar y comunicar la presencia de lo que consideraba supondría un excelente festín.

Este comportamiento es francamente extraordinario, pues además de coordinar una defensa colectiva que requiere una comunicación muy eficaz para desarrollar el ataque al alimón, que impida la huída o la defensa del avispón, utilizan una estrategia obtenida de la propia naturaleza, una ley física, que predice que el movimiento acelerado de los átomos produce aumento de energía y aumento por consiguiente de calor, por lo que aletean sin cesar a la vez, para conseguir la temperatura de defensa adecuada. Sería interesante adivinar cómo saben que su temperatura corporal aguanta un grado más que el de los avispones, lo que seguramente habrá supuesto un aprendizaje en el tiempo de una forma azarosa o tal vez, por qué no, una conducta instintiva, ciertamente inteligente, contenida desde sus genes ancestrales y que les permitió en su día, poder establecerse en un estamento determinado de la naturaleza, gracias a su especialización, con la que podían defenderse de sus potentes vecinos depredadores y así poder sobrevivir.

Más adelante nos detendremos más en profundidad en el estudio de los microtúbulos, cadenas moleculares de forma cilíndrica, que constituyen el citoesqueleto de todas las células animales, incluyendo a las neuronas. Según el médico estadounidense Stuart Hameroff, anestesista y profesor de la Universidad de Arizona, muy conocido por sus estudios científicos de la conciencia, es en los microtúbulos donde se producen los procesos que hacen emerger la conciencia, siendo las unidades básicas para que ello ocurra, en lugar de las neuronas, como se cree en la inmensa mayoría de las teorías actuales.

Hameroff observando a los paramecios, animales unicelulares que presentan una conducta bastante inteligente y tienen diversas funciones cognitivas, siendo capaces de encontrar alimento, evitar a sus depredadores, e incluso de aprender nuevas conductas, lo atribuyó a que tienen microtúbulos, pues además carecen de neuronas, por lo que dedujo que eran los microtúbulos los causantes de dicha cognición.

Ello explicaría, que cualquier ser vivo, para poder poseer conciencia no es necesario que tenga neo-córtex, puesto que al parecer la conciencia emerge gracias a otras áreas subcorticales, presentes tanto en el ser humano como en el reino animal no humano.

Nunca he llegado a dudar de la conciencia de los animales, es más, a lo largo de mi vida he sido testigo de comportamientos que van más allá que la mera intuición o el propio instinto de supervivencia.

Una noche que llegué a casa tarde, sobre la una de la madrugada, después de haber cenado en casa de unos amigos, en la que se prolongó la sobremesa, (vivía en aquel entonces en la bella ciudad de San Cristóbal de la Laguna, en un segundo piso de un edificio de cuatro plantas), nada más acostarme para recuperar fuerzas para el día siguiente, casi adormilado vencido por el cansancio, empecé a oír un ruido como si alguien estuviese hurgando en la cerradura de la puerta de acceso a la calle, por lo que preocupado, me levanté sigiloso y me acerqué al lugar de donde procedía el ruido y efectivamente era notorio, que alguien que se encontraba al otro lado estaba golpeando la puerta con golpes no muy fuertes pero sí insistentes.

Miré por la mirilla y cuál fue mi asombro que observé lo que parecía un perro de buen tamaño sentado sobre sus nalgas, arañando la puerta con una de sus patas delanteras.

Decidí abrir la puerta aunque con algún recelo y a media apertura, un bóxer marrón oscuro me lanzó al aire un aullido lastimero, tenía un gesto de dolor en su cara, por lo que le abrí la puerta de par en par y fue entonces cuando al ponerse de pie y penetrar resueltamente en mi vivienda, advertí que cojeaba y la causa era que tenia la pata derecha visiblemente partida.

Le di un poco de agua y tendí una manta sobre el salón y con solo una pequeña indicación se tumbó de lado sobre la manta sobre su pata sana, con lo que me facilitó que pudiera hacerle un vendaje de emergencia encima de la fractura, aguantando estoico el dolor sin hacer ningún amago de querer morderme. Le eché otra manta por encima y me fui a dormir, hasta que a primera hora ayudado por un familiar lo llevamos en brazos a mi coche y lo llevé al veterinario.

Hizo falta una pequeña intervención quirúrgica para reducirle la fractura y compartió conmigo su convalecencia totalmente integrado en la familia. Cuando estuvo restablecido lo adoptó un gran amigo mío y siempre que el bóxer me veía, incluso transcurrido mucho tiempo, festejaba con gran alegría nuestro encuentro. Siempre pensé que debió pillarlo algún vehículo cerca de mi domicilio, lo que le produjo la lesión y sintiéndose herido, al verme llegar me siguió como pudo, guiándose más bien con su olfato, para pedirme auxilio.

Tampoco puedo olvidar, mientras navegaba por el mar de Alborán con unos amigos en una motora de unos 8 metros de eslora, la presencia de un delfín, muy frecuente su presencia en aquellas aguas, que aparentemente herido, se acercó a nuestra embarcación cuando estaba detenida mientras nos preparábamos un refrigerio, era evidente que estaba herido y que pedía ayuda, presentaba un enrollamiento muy tenso de hilo de nylon de pesca alrededor de medio cuerpo, que le atravesaba en gran parte la piel exterior y culminaba con un gran anzuelo que tenía clavado dentro de su boca.

Uno de mis acompañantes, médico de profesión, sin pensárselo dos veces, con ayuda de otro tripulante lo izó asiendo entre los dos sus aletas anteriores y lo depositaron en la plataforma anexa a la bañera posterior de la embarcación. Una vez allí, el médico con unas tijeras muy finas fue cortando todo el nylon que oprimía al cetáceo, mientras los demás le íbamos echando agua de mar en cantidades pequeñas por las abiertas heridas, hasta que sólo quedó el temible anzuelo. El médico siguió con su trabajo, como si supiese con certeza que el delfín no le iba a hacer ningún daño, y así fue, después de dos minutos angustiosos extrajo completo el gancho asesino, ante la pasividad total del animal, que sí expresó más de un quejido a lo largo de la laboriosa operación.

Una vez libre del lacerante aparejo, el delfín hizo varias cabriolas y piruetas sobre el agua y navegó a nuestro lado al reanudar nuestra marcha, como unos quince minutos, luego desapareció en el fondo de la inmensa mar. Aquello resultó ser un encuentro increíble entre el hombre y el segundo animal más inteligente del planeta, por delante incluso de los grandes simios, según numerosos investigadores al respecto, que se basan al afirmarlo, en el gran cerebro que poseen, (superior en tamaño incluso al de los seres humanos), en su lenguaje, su auto-reconocimiento en un espejo, uso de herramientas, capacidad de aprendizaje, etcétera, siendo famoso el delfín bautizado como K-Dog, entrenado por la marina estadounidense para encontrar minas y trampas submarinas, que mediante saltos espectaculares mostraba la posición exacta donde se encontraba el dispositivo buscado.

Otro ejemplo notable le ocurrió a un familiar cercano, era invierno y nevaba en Madrid, cuando nada más iniciar su comida de mediodía oyó ruidos en el cristal de una ventana exterior, se trataba de un periquito que golpeaba el cristal con su pico mientras luchaba contra los copos de nieve que le iban cayendo. Nada más ser abierta la ventana el periquito levantó el vuelo y se introdujo para siempre en la vivienda y nunca se escapó al exterior pese a vivir en situación de semilibertad, con una jaula con la puerta siempre abierta, de la que podía entrar y salír cuando le apeteciera.

Son otros ejemplos a incorporar a las numerosas y curiosas investigaciones que se están llevando al efecto y estoy firmemente convencido de la dignidad que merece el reino animal no humano, que comparte con nosotros este planeta.

Al margen de disquisiciones en torno a las necesidades alimentarias, en las que el ser humano ocupa la cima de la pirámide, siendo el máximo depredador de todas las especies conocidas, no propongo que nos convirtamos de la noche a la mañana en veganos, pero sí que recapacitemos acerca de nuestras relaciones con nuestros vecinos y compañeros de travesía y seamos capaces de eliminar cualquier procedimiento que lleve crueldad e indiferencia no sólo a los mataderos respectivos y a las granjas de producción, sino de primar instalaciones y procedimientos que velen por el bienestar animal y su trato ético, haciéndolo extensivo a los centros de investigación que usan a los animales para sus experimentos científicos, así como terminar de una vez con las reminiscencias medievales de muchos pueblos y culturas, que acostumbran a celebrar sus festejos con maltratos y matanzas en ciertos casos, de aves, de perros, de toros, de cerdos, etcétera, para que sirvan de jolgorio y espectáculo de sus ciudadanos.

Es evidente que se hace necesaria una reglamentación mundial que regule toda esta problemática y vincule a los países a cumplirla y al igual que existe una Declaración Universal de los Derechos Humanos, (DUDH), adoptada por la Asamblea General de las Naciones Unidas el 10 de diciembre de 1948 en París, que en 30 artículos recoge los derechos humanos que se consideran básicos, que plasmados luego en pactos y en tratados internacionales, son obligatorios su cumplimiento para los Estados firmantes, no estaría de más una declaración de los derechos de los integrantes del reino animal, no humanos, que complemente las corrientes de pensamiento de los movimientos de liberación animal y los consideren sujetos de derecho, sin confundirlo con el derecho animal que se enseña en numerosas facultades de derecho de muchos países, en donde incluso existe jurisprudencia al respecto, siendo el objeto de derecho, la naturaleza legal y biológica de los animales. No debemos olvidar que son anteriores en el filo a los seres humanos y que todos venimos del mismo origen, de la espuma burbujeante de los coacervados o yéndonos aún más lejos, de las fluctuaciones cuánticas que se producen sin cesar en lo que llamamos la nada.

Como caso más reciente, citar el ejemplo de "Cecilia", una chimpacé residente en un zoo de Mendoza, (Argentina), que quedó sola al morir sus dos compañeros de jaula, lo que le provocó un estado depresivo con la agravante de que en su jaula nunca daba el sol. "Afada", una asociación por los "Derechos de los Animales", solicitó un habeas corpus, que es el procedimiento que se utiliza solo para defender a seres humanos, al considerar que comparativamente podría serle de aplicación a la chimpacé.

La jueza del caso María Alejandra Mauricio, ha sentado un precedente insólito al declarar a Cecilia como "sujeto de derecho no humano", y no como mero objeto, propiedad de alguien, dando lugar a una jurisprudencia de reconocimiento a los derechos animales inusual por el momento.

En su sentencia, ha ordenado el traslado de la chimpacé a Säo Paulo, (Brasil), a un centro de protección de primates, (GAP), para que pueda convivir con sujetos de su propia especie.

“Si atendemos a su bienestar no será Cecilia quien estará en deuda con nosotros, sino nosotros, que deberemos agradecerle la oportunidad de crecer como colectividad y de sentirnos un poco más humanos”, recoge textualmente la jueza.

Después de este último relato, podemos concluir que vamos por buen camino.

La inteligencia cerebral

La Teoría de la Información Integrada tiene una gran vinculación con la psicología cerebral y de hecho supondría tener que replantearnos muchos conceptos, algunos muy tradicionales.

Definíamos en el "Centinela que nunca duerme", el concepto de inteligencia cerebral, que está en función de las conexiones neuronales establecidas, a mayor cantidad de enlaces entre neuronas, mayor corteza cerebral y mayor inteligencia cerebral.

Esto está en concordancia con la conciencia de la teoría de Tononi, donde una gran cantidad de información capaz de integrarse en el cerebro significaría un potencial enorme de conciencia. Por tanto a mayor inteligencia cerebral, mayor posibilidad de integrar información, puesto que tiene mayor cantidad de conexiones sinápticas establecidas con un potencial muy elevado de correlacionar redes neurales entre sí y poder incorporar esa información. A mayor grado de inteligencia cerebral, mayor grado posible de Conciencia.

La conciencia es una propiedad fundamental de la naturaleza, siempre ha estado ahí, en cualquier lugar de la tierra, en todo momento, en el espacio, en el universo. Pero para que los seres humanos puedan conectar con esa Conciencia, necesitan sus áreas corticales apropiadas, a través de las cuáles emerge y se hace visible y se transmite como percepción subjetiva global consciente, del sujeto de que se trate.

Durante el período prenatal las neuronas se forman y empiezan a enlazar unas con otras, formando las primeras redes neurales, en función no solo de las implicaciones genéticas de desarrollo, sino también y lo más importante, en función de los estímulos internos y externos que le llegan.

Esta conformación de redes y enlaces neurales prácticamente dura toda la vida de un ser vivo, pues siempre habrá nuevos estímulos que exciten ese sistema nervioso determinado. La naturaleza es siempre variable y está cambiando constantemente, emitiendo información continua, la mayor parte novedosa.

Es cierto que ante los mismos estímulos se excitan los circuitos ya establecidos para percibir dichos estímulos conocidos, pero para los estímulos que se presentan por vez primera, se formarán nuevos enlaces entre determinadas neuronas e incluso podrán ampliarse con nuevas conexiones, redes neurales entre sí, pues las neuronas existentes, enlazadas en el devenir de la vida y las nuevas redes neurales establecidas, podrán seguir formando conexiones entre ellas, en virtud de experiencias recientes y hasta ese momento desconocidas.

Se desprende de todo ello que cada cerebro tiene una gran cantidad de información integrada, diferente según el desarrollo de cada individuo a la hora de adquirir mayor o menor número de conexiones, en función de la mayor o menor cantidad de estímulos novedosos que haya ido recibiendo en las diferentes etapas de su existencia, información integrada que irá en una escala ascendente con la propia experiencia adquirida que da el fluir de la vida.

Según adquiere madurez un ser humano, irá adquiriendo mayor inteligencia cerebral, pero ello no es óbice de que pueda serle útil en todas las circunstancias de sus nuevas experiencias. Una persona con mucha inteligencia cerebral puede tener muy poca oportunidad de conciencia, no hay una correlación directa ni tampoco inversa entre la información integrada de un cerebro y la conciencia del portador de ese cerebro.

Puesto que según la teoría del phi, a mayor información integrada de un sistema mayor valor de phi y por tanto mayor conciencia del sistema, también es verdad que el sistema debe tener la posibilidad de ser consciente y para ello debe estar despierto, no solo desde el punto de vista físico, sino de estar dentro de un sistema más amplio que le permita adquirir mayor grado de conciencia.

De qué sirve un cerebro con muchas conexiones y por tanto mucha inteligencia cerebral y un alto grado de valor phi en, supongamos, una desértica estepa africana. "La conciencia de la estepa africana", ofrece menos posibilidades de ser consciente a un cerebro que a otro cerebro de análogo valor phi y que viva dentro de "la conciencia de la populosa ciudad de Nueva York".

Podremos entonces plantearnos, ¿qué es más interesante?, tener posibilidad de vivir en un sistema de conciencia elevado con un valor individual moderado de phi, que sea la expresión de un cerebro con moderada inteligencia cerebral y moderada información integrada o vivir tal vez, en un sistema de conciencia muy bajo con un valor individual muy alto de phi, expresión de un cerebro con mucha inteligencia cerebral y mucha información integrada.

La idea de que lo deseable sería alcanzar mucha inteligencia cerebral, sería entonces relativa; poder ser consciente en un medio rico en estímulos, aún con un valor moderado de inteligencia cerebral, podría ser la experiencia consciente subjetiva de máxima felicidad, más que tener mucha inteligencia cerebral y una experiencia consciente subjetiva de escasos estímulos.

Aunque también es cierto que habrá personas que serán muy felices en un monasterio de lamas tibetanos, dentro de una conciencia fundamental tan específica como poder aflorar al máximo su mundo interior.

De todas formas nunca vendrá mal tener la posibilidad de integrar mucha información, con independencia del sistema de conciencia donde nos encontremos, pues a mayor capacidad de inteligencia cerebral, mayor reflexión, mayor pensamiento, mayor experiencia consciente subjetiva.

Es lógico que en lugares donde se esté continuamente discutiendo y exponiendo verdades fundamentales de la vida como puede ser una universidad de prestigio, habrá un sistema de conciencia elevadísimo, que dará una gran oportunidad a los diferentes sistemas individuales de conciencia que allí se encuentren, de adquirir altos grados de percepción consciente que hagan subir mucho su nivel phi de medida de su propia conciencia.

Aunque pueda parecer que nos estamos sumergiendo en un mundo de ciencia ficción, hay que reconocer que esta teoría tan bien elaborada, puede dar el salto necesario para superar el enorme abismo habido hasta ahora entre el dualismo cartesiano, mente-cuerpo, el de poder comprender como un ente inmaterial como lo es la conciencia, se relaciona con el soporte físico del cerebro, un ente totalmente material; y lo más importante, permitir cuantificar la conciencia, según los principios científicos postulados por la comunidad científica internacional, a través de un valor phi, desarrollo a su vez de la entropía de Shannon, dando lugar a la ciencia de la reflexión y del pensamiento. Bien es verdad que hay que admitir como postulado inexorable la cualidad de verdad fundamental de la conciencia dentro de la naturaleza y su posible universalidad.

La física y las matemáticas vienen apoyándose en grandes verdades fundamentales supuestas y que hoy día nos parecen obvias, como la ley de la gravitación universal o la de la mecánica cuántica, por citar algunas, o la ley de los campos electro-magnéticos, o simplemente admitir la existencia de la propiedad de carga en la electricidad. ¿Por qué entonces no podemos presuponer lo mismo con la conciencia?, máxime, si ello nos hace posible superar el bache intelectual tan tremendo que arrastramos al no admitir el estudio científico de la mente, por tratarse de percepciones subjetivas de cada individuo.

Incluso esta corriente de aire renovado si admitimos esta teoría, permitirá avanzar espectacularmente en el desarrollo del conocimiento de la conciencia, tal vez la propia esencia real de la vida.

Puede resultar divertido ser conscientes, de que según el lugar donde nos encontremos, nos estamos sirviendo de un sistema de conciencia que nos está haciendo conscientes de ese sistema, y ello nos puede servir en la consecución de los objetivos que queramos alcanzar en nuestras distintas etapas de la vida. Si me planteo ser un buen cosmólogo, deberé frecuentar los ambientes y lugares donde se respire preferentemente el interés por el estudio y conocimiento de la cosmología. Adquiero mayor conciencia cocinera en una cocina de grandes cocineros, mayor conciencia de una enfermedad determinada en un hospital específico de esa enfermedad, mayor conciencia deportiva en un evento deportivo etcétera.

Volviendo a la teoría localizacionista a través del estudio de los correlatos neuronales, tal vez no haya que buscar correlatos neuronales de la conciencia humana entendida como un epifenómeno, se podrán buscar y tal vez descubrir correlatos neuronales de múltiples percepciones sensoriales, pero por encima de ellos está la propia conciencia del ser que subyace en el hombre. No es lo mismo tener percepción consciente del medio que nos invade a través de sus estímulos, que la conciencia general de sí mismo que tiene un ser humano y que constituye la esencia de su propio ser, que modela e interpreta continuamente todas las percepciones subjetivas que recibe.

Básicamente, es la diferencia fundamental que podría establecerse en un símil supuesto, entre la máquina y el hombre, entre un robot y el ser humano. Los correlatos neuronales perceptivos con sus respuestas correspondientes en el ser humano, serán casi idénticos a las respuestas predictivas del programa informático del androide de turno. El hardware puede identificarse sobremanera en los programas más sofisticados, con el contenido físico del cerebro, pero el software que analice la actividad neuronal siempre adolecerá de la experiencia consciente subjetiva y de la individualidad del sujeto. En resumidas cuentas, un robot nunca podrá tener conciencia según esta teoría, aunque como hemos visto, la teoría de la phi sí plantea que la conciencia podría surgir en un robot dotado con trillones y trillones de conexiones informáticas y que a símil del ser humano, emergería en él la conciencia, como resultado evolutivo de una macro información perfectamente estructurada.

Stephen Hawking alertó de que si los sistemas de inteligencia artificial superan en el futuro la inteligencia humana, los robots "podrían llegar a tomar el control y se podrían rediseñar a sí mismos", y que "los humanos, que están limitados por la evolución biológica, no podrían competir y quedarían suprimidos por los robots".

Aunque dicho peligro potencial pudiese existir y por tanto el ser humano debería de tomar las medidas oportunas para que no ocurriese, ello no quiere decir que deba desdeñarse la tecnología, sino todo lo contrario, un software adecuado puede analizar los registros neurales y trasladar dicha información a una base de datos. Al contrastar posteriormente las estadísticas oportunas, en función de los diagnósticos médicos previos que se dispongan, podrá inferirse en gran medida cuales son los síntomas principales, según tipo de padecimiento o trastorno de conducta que presente el paciente registrado.

En el "Centinela que nunca duerme", existe un capítulo titulado: "La consulta futurista de un psiquiatra", en el que básicamente se expone, que al llegar un paciente por primera vez a una consulta, se le someterá a un determinado número de pruebas, fundamentalmente de imágenes, como pueden ser neuroimágenes de su cerebro en reposo y que al contrastar los resultados dados, con el archivo de registros de miles de pruebas análogas de miles de pacientes con desórdenes mentales de todos los tipos, mediante un software específico, nos dará el diagnóstico más plausible, que coincidará con el patrón característico que se corresponda en la base de datos existente.

Así por ejemplo, si el enfermo presenta una actividad neural muy pobre en los lóbulos frontales, hipo metabolismo en áreas de los lóbulos parietales y temporales superiores, y además hipo metabolismo severo en la corteza cingular, se tratará sin lugar a dudas de un paciente con una fuerte depresión. El psiquiatra con esos resultados encima de la mesa de su consulta, tendrá un amplio conocimiento del problema que aqueja a su próximo cliente, incluso antes de recibirlo por primera vez.

Igual deducción podría hacerse para otros desórdenes mentales y lesiones cerebrales, y conseguir avances muy significativos en los tratamientos indicados, es más, incluso podrían predecirse los tratamientos más efectivos según el paciente.

Ramón y Cajal. Las neuronas.

Las espinas dendríticas. "La música de las mariposas del alma"

-Cerebro, podrías decirme lo más sencillamente posible qué llevas en tu interior y cómo consigues transmitir a mi conciencia, esas imágenes tan maravillosas, algunas de un colorido increíble y dirigir mi conducta por el camino adecuado para alcanzar mis fines.

- Querido Humano, aunque contigo llevo poco tiempo, atesoro la sabiduría de miles de años y he experimentado mil vicisitudes y situaciones, algunas muy complejas, hasta llegar hasta aquí.

Mi gran tesoro son mis neuronas, y tengo tantas que es imposible contarlas, todas son diferentes como lo son los seres humanos y al igual que las del cuerpo humano, son células, pero exclusivas del sistema nervioso y están muy especializadas.

Tienen, siguiendo un símil a la constitución humana, un cuerpo más bien circular, que denominamos soma, varias cabezas pequeñas en forma de abanico, que tienen el nombre de dendritas y una extremidad, el axón con múltiples pies, sus telodendrias, con unos dedos que llamamos botones sinápticos. En resumen, una especie de monstruo mitológico microscópico.

Desde que nacen y se acomodan en un lugar dentro de la bóveda craneana, ya no se moverán de por vida, eso sí, generalmente estarán muy ordenadas, organizadas en columnas y dentro de las columnas en módulos funcionales, preparadas para recibir los distintos tipos de estímulos, que una vez procesados, nos mostrarán la realidad completa, tal como la percibimos realmente. No ven, no oyen, no sienten, ni huelen olores, ni por supuesto hablan, pues no tienen receptores periféricos epidérmicos. Sin embargo, gracias a las neuronas de tu cerebro, tú, Querido Humano, sí puedes ver y oír, hablar, sentir u oler.

Su situación normal es de reposo y algunas nunca llegan a desplegar trabajo alguno, ni por tanto contactan o mantienen contactos con otras neuronas, por lo que con el tiempo se produce la apoptosis, desaparición de la neurona por un mecanismo de regulación del número de células durante el desarrollo, que se activa, cuando la célula no es necesaria.

Por ello, lo primero que debo hacer es activar el mayor número posible de mis neuronas, para lo que necesitan recibir estímulos del medio exterior e interior, que captan los receptores sensoriales del organismo humano.

Así por ejemplo, un estímulo luminoso, activará gran cantidad de neuronas. Una neurona captarà la longitud de frecuencia, otra tal vez la cromaticidad, la intensidad lumínica, el movimiento, etcétera, y muchas de estas neuronas establecerán conexiones sinápticas con otras neuronas, no necesariamente situadas en lugares próximos dentro de mi tejido, sino algunas muy alejadas entre sí, integrando toda la información y constituyendo engramas de conocimiento dentro de la corteza.

Las neuronas se comunican entre sí a gran velocidad, en el mismo momento que son excitadas por alguno de los estímulos que captan los receptores sensoriales, gracias a que tienen cubiertos los axones con unos envoltorios de mielina de color blanco, sustancia que acelera la transmisión de los impulsos nerviosos y constituye lo que conocemos como materia blanca.

El estímulo excita la neurona a través de un proceso bioquímico, un intercambio iónico, entre el líquido extracelular y el intracelular, lo que provocará una variación del potencial eléctrico de la neurona, que si es suficiente, propagará un impulso nervioso que captarán las dendritas hasta su cuerpo, el soma; luego a través del axón llegará hasta las telodendrias, las que a través de sus cápsulas sinápticas, segregarán unas sustancias químicas, los neurotransmisores, que depositarán en el espacio sináptico de separación con otra neurona, la que a su vez, si la cantidad depositada es suficiente, se activará y continuará el mismo proceso anterior, contactando con otra neurona y así sucesivamente.

Esta forma de comunicación es lo que se denomina teoría del "neuronismo" y fue descubierta por el premio Nobel de Medicina de 1906, el médico español aragonés, especializado en histología y en neuroanatomía, Santiago Ramón y Cajal, en reconocimiento de su trabajo sobre la estructura del sistema nervioso, por sus investigaciones sobre los mecanismos que gobiernan los procesos de conexión de las neuronas y su morfología. Esta hipótesis revolucionaria cambió radicalmente la manera de acometer el estudio neuronal y las conexiones sinápticas, y empezó a ser llamada la "doctrina de la neurona"; se basa fundamentalmente en que el tejido cerebral está compuesto por células individuales separadas entre sí, en el que cada célula del sistema nervioso es una entidad separada de las otras células, con las que enlaza con proyecciones en las sinapsis, y en las que el impulso se transmite siempre en una sola dirección, (aunque esta ley no siempre se cumple, pues en determinados casos, las dendritas pueden dirigir una señal sináptica de forma centrífuga, en sentido opuesto al postulado, de manera que sean los axones los aferentes, los que reciban la información), lo que estaba en contradicción total con la teoría reinante en aquellos tiempos, la del "reticularismo" de Golgi, (histólogo italiano que compartió el Nobel con Ramón y Cajal), que estructuraba el sistema nervioso como una gran masa sincitial en el que las prolongaciones de las células formaban un entramado reticular sin solución de continuidad entre ellas.

En el neuronismo la excitación de una neurona se propaga a otra u otras neuronas, (no hay que olvidar que es frecuente que una neurona pueda realizar conexiones con 10.000 o más neuronas), a través de las sinapsis, que es la región donde se establece el contacto funcional entre dichas neuronas, separadas entre sí por la hendidura o fisura sináptica. En el reticularismo, la excitación producida en cualquier punto se propaga libremente hasta lugares bastante alejados.

Hasta la aparición del microscopio electrónico en los años 50 del siglo pasado, no se desautorizó abiertamente la teoría reticular, a pesar de que los científicos de aquella época habían aceptado en general la teoría del neuronismo. La palabra sinapsis fue escogida en su día para definir el concepto reticular por su significado del griego de "trabado", y aunque perdió su significación analógica, se mantuvo su nombre sin embargo para definir la comunicación de las neuronas entre sí a través del espacio sináptico, lo que pudiera parecer una incongruencia por el significado conceptual de Ramón y Cajal, de no trabado.

También a este genio español, (que por cierto tenía como una de sus pasiones la astronomía, y posiblemente de vivir en estos tiempos, de seguro que le habría llamado la atención la semejanza de las estructuras de las redes neurales y la de los filamentos interestelares, perfectamente topografiados con los satélites desplegados en el espacio y los telescopios terrestres computarizados), acostumbrado a trabajar con herramientas rudimentarias para preparar sus tejidos cerebrales, debido a la época que le había tocado vivir, se debe el descubrimiento de las espinas dendríticas que contienen sobre todo las neuronas piramidales, (el 70% de las neuronas de la corteza cerebral son piramidales), llamadas así porque su cuerpo recuerda la forma de una pirámide; cada dendrita puede tener miles de espinas, la mayoría de cabeza bulbosa y cuello delgado y están principalmente ubicadas en el neocórtex, en la corteza prefrontal; una neurona sana puede llegar a tener entre 10.000 y 20.000 espinas.

En 1888, detectó al microscopio cómo las dendritas de dichas neuronas no eran lisas, sino que estaban cubiertas de minúsculas espinas e intuyó que debían actuar como los verdaderos receptores de la transmisión nerviosa, todo ello lo dibujó con mucho detalle y lo participó a la comunidad científica, proponiendo que las espinas debían servir para que se realizase la conexión axonal-dendrítica lo que implicaría una circunstancia morfológica muy importante, literalmente: "Cuando se estudian las expansiones protoplásmicas por el método de Golgi, aprécianse algunos detalles morfológicos que conviene conocer, porque acaso andando el tiempo alcancen trascendencia fisiológica. Uno de ellos es la presencia de ciertos apéndices cortos o espinas colaterales, nacidas en ángulo recto del contorno de las expansiones dendríticas y terminadas por un engrosamiento redondeado o elipsoide" (Sur la Structure de l'écorce cérébrale de quelques mammifères. La cellule, t.VII, 1891).

Pero sus neurohistólogos contemporáneos no le creyeron, atribuyendo la aparente presencia de las espinas a un defecto producido por la tintura de cromato de plata del método Golgi, necesaria para visionar el tejido nervioso; las espinas eran artefactos surgidos por la utilización del citado método, como una posible cristalización en forma de espinas sobre la superficie de las células, por lo que hasta el propio Golgi al igual que el resto de histólogos de prestigio siguieron dibujando las neuronas lisas, sin ningún tipo de espina o agujas protuberantes; además sólo se producía este fenómeno con la tinción argéntica y no con el resto de métodos que se utilizaban en aquella época, por lo que los dibujos del médico español solo eran interpretaciones artísticas de la realidad.

Ramón y Cajal como buen aragonés, no se arredró y pronunció su famosa frase dirigida a sus detractores, en su mayoría histólogos alemanes:

"Puestos a tenacidad, a los aragoneses que nos echen alemanes", haciendo así alarde de la ironía de la tozudez baturra, bien conocida con el chascarrillo, del mañico montado en su burro sobre la vía del tren, que viene por su espalda pitando pidiéndole paso, y que dice:

¡¡Chuflas, chufla...Como no te apartes tú!!

Además desde un punto de vista científico práctico, empezó a utilizar en sus estudios de investigación de los tejidos neuronales, otros métodos de tinción, preferentemente el del azul de metileno, para echar por tierra, las afirmaciones de que las espinas eran artefactos producidos por la tintura de plata, demostrando la falsedad de dichas suposiciones, al obtener los mismos resultados de presencia de espinas dendríticas.

Debieron transcurrir unos 50 años más, para que la microscopía electrónica confirmara que efectivamente existían unas espinas dendríticas postsinápticas, tal como el genio español había pronosticado y acabar así con cinco décadas de olvido.

Hoy día las espinas dendríticas con los avances tecnológicos, se han puesto de moda y están siendo ampliamente investigadas, y se está demostrando su importancia no sólo en el procesamiento de la información sino sobre todo en el campo de la memoria, con supuestos francamente revolucionarios frente a las teorías clásicas anteriores, admitidas prácticamente como dogmas desde siempre.

Hay que tener en cuenta, el cambio de rumbo crucial que supone simplemente considerar que en una neurona se realizan un número muy elevado de sinapsis, más que en una genérica fisura sináptica, en miles de fisuras espinales, que una vez recibido el estímulo excitatorio, si tiene el potencial suficiente, lo transmite vía pericarión al axón de su neurona, para que aquel estimule a su vez a otra neurona, y que dado el elevado número de espinas, se pueden estar estableciendo continuamente, incluso simultáneamente, conexiones con otras neuronas. De esta forma, cada neurona se puede comunicar con otras mil neuronas y puede recibir a la vez más de 10.000 conexiones de otras neuronas, lo que da lugar a la formación de redes de circuitos neurales, la base de los procesos biológicos que subyacen bajo la percepción y el pensamiento y hacen posible la aparición de la conciencia.

Las espinas son un componente vital para conocer la función de las neuronas y determinar las razones de su estructura. Para Ramón y Cajal, era en la neurona piramidal, a la que denominaba "la noble y enigmática célula del pensamiento", donde se integraba la información procedente de distintas áreas corticales, permitiendo la percepción subjetiva global y coherente, mediante las sinapsis aferentes excitatorias producidas en las espinas de las dendritas, dando como resultado una respuesta axonal eferente hacia otras zonas corticales o subcorticales. En cierta medida, la neurona piramidal era la única célula de proyección del neocórtex, y supuestamente con los postulados actuales de los correlatos neuronales, posiblemente Cajal la hubiese considerado como el sustrato de la conciencia.

Desde luego, la diferencia de número de espinas sugiere la cantidad de sinapsis producidas y la diferencia morfológica entre ellas, modificaciones funcionales a nivel de la espina, en base al procesamiento de la información.

Como se viene demostrando, es en las espinas dendríticas, donde se producen las sinapsis excitadoras, al constituirse en dianas de los impulsos nerviosos axonales, siendo por tanto claves para la plasticidad cerebral, puesto que las conexiones nerviosas que se establecen genéticamente son una muy pequeña parte de las conexiones totales, inferiores a las que se producen en los contextos locales, al interactuar el ser humano con el contorno, y que es lo que va a posibilitar en el futuro, el desarrollo de cogniciones intelectuales superiores.

Además numerosas investigaciones se vienen realizando para desentrañar las causas de muchas deficiencias mentales que tienen sus origen en los circuitos neuronales, al presentar aquellas un correlato anatomopatológico con las alteraciones que se producen en la frecuencia y distribución de las espinas, tales como puede ser la enfermedad de Alzheimer, cuyo deterioro principal está focalizado en la pérdida de memoria del paciente, y por consiguiente en la eliminación paulatina de sus espinas dendríticas, según va avanzando la enfermedad.

La distribución, tanto sobre las dendritas apicales como en las dendritas basales, además de no ser uniforme, tampoco es permanente y constituyen un signo de identidad irrepetible característico de cada sujeto, no hay dos sujetos que tengan la misma distribución espinal, así como, ésta va cambiando con el curso de la vida, de lo que se desprende la relación directa existente entre las conexiones que se van estableciendo y las espinas postsinápticas que van apareciendo; a mayor estimulación del sujeto, mayor cantidad de espinas y a mayor repetición de los mismos estímulos, mayor consolidación de las espinas correspondientes, aumentando de longitud y de grosor. Ello indica que están muy relacionadas con el aprendizaje y se supone que cuando aprendemos algo, queda como almacenado en una de estas unidades de memoria, razón por la cual al adquirir determinadas habilidades, éstas no se pierden nunca, a no ser por problemas de enfermedades neurodegenerativas, accidentes, etcétera.

El neurobiólogo alemán Mark Hübener, del Instituto Max Planck de Neurobiología de Martinsried, de Alemania, asemejó el desuso de alguna habilidad con el cuento de "la bella durmiente", como así lo explicó en un número de Cuadernos Mente y Cerebro dedicado a la memoria: "las habilidades aprendidas que dejan de utilizarse durante un tiempo, por muy largo que sea éste, no se pierden, sino que quedan como recuerdos ocultos". Lo atribuyó al hecho de que las espinas dendríticas son esenciales para el aprendizaje, al ser las que conectan las distintas neuronas formando sinapsis. Según se repita un aprendizaje, las espinas se fortalecen y se hacen más grandes, consolidando lo aprendido y cuando deja de practicarse, al contrario, las espinas se encogen y se hacen más pequeñas, aunque no llegan a desaparecer totalmente, de donde deduce que la sinapsis en desuso, permanece sumergida en una especie de sueño de "la bella durmiente" y que despierta al volver a ser practicada la habilidad de que se trate. Esto ocurre de forma idéntica con los recuerdos, que no desaparecen, sino que se encuentran dormidos en sus minúsculas espinas almacenadoras.

Dentro del campo de la neurociencia, se descubrió en 1970, que determinadas anomalías en las espinas dendríticas se correspondían con un retraso mental.

Precisamente, respecto a la memoria, a las espinas dendríticas se les atribuyen funciones diferentes según sea su morfología, así, las espinas más grandes se corresponden con unidades de la memoria a largo plazo y son por consiguiente más estables, mientras que las espinas más pequeñas son más inestables y almacenan unidades de memoria de corto y medio plazo.

El Neurocientífico español Javier de Felipe, especializado en el estudio microanatómico del cerebro, lidera un proyecto de investigación, de científicos pertenecientes al Consejo Superior de Investigaciones Científicas (CSIC) y del Centro de Investigación Biomédica en Red, en Enfermedades Neurodegenerativas (CIBERNED), para avanzar en el estudio de las anomalías de las espinas dendríticas de las células piramidales, en el inicio de procesos neurodegenerativos.

Para ello han desarrollado una herramienta informática exploratoria para transformar las espinas en notas musicales. Las características morfométricas y espaciales de las espinas, (ángulo en el que están situadas, es decir su axialidad, su distribución espacial a lo largo de la espina, volumen y la longitud desde la raíz), son las que se utilizan para transformarlas en notas musicales en un pentagrama, basadas en los parámetros de percepción de los sonidos musicales por parte de los seres humanos, (timbre, tono, amplitud y duración). De esta forma se confeccionará una partitura por cada cerebro humano analizado, que será como su huella digital y hará posible además el diagnóstico, a través del sonido secuencial de las notas trasladadas al pentagrama, diagnóstico que complementará el que pueda deducirse de otras pruebas, después de contrastarlas entre todas, especialmente de imagen, estableciéndose además un banco de datos específico, que pueda ayudar a entender mejor determinadas enfermedades, como el alzhéimer, la epilepsia o el Parkinson.

En noviembre de 2014, presentaron las dos primeras obras realizadas a partir de la traducción de las espinas dendríticas de las células piramidales en notas musicales. En la primera obra, se contrasta la expresión musical de las espinas de una persona de 40 años con otra de 85 años, y en la segunda obra, la de una persona con alzhéimer incipiente y otra con alzhéimer avanzado.

Fue bautizado como el "concierto de las neuronas", la música de "las mariposas del alma", (como llamaba Ramón y Cajal a las neuronas), y lo interpretó el cuarteto Almus, (dos violines, una viola y un chelo); posteriormente ha sido interpretado en otras ocasiones y para quien pueda sentir curiosidad en escuchar la melodía que despiden nuestras neuronas piramidales, puede buscarlo por internet, donde se encuentra ampliamente grabado dicho concierto.

También se ha relacionado el exceso de espinas dendríticas con el autismo, incluso se cree haber identificado el gen causante de la sobreabundancia, según un estudio de la revista The Journal of Neuroscience, pero al contrario de lo que pudiera parecer, no es porque se deba a un exceso de conexiones sinápticas de las supernumerarias que se producen durante el período fetal, ni de las que se desarrollan durante la infancia, que son fundamentales para un correcto aprendizaje, sino que se atribuye a una mala poda neuronal en la adolescencia tardía, donde se suelen eliminar un 50% de las sinapsis corticales, pero que en el caso del autismo las investigaciones parecen indicar que efectivamente se realiza la poda, pero sin eliminar los residuos de dicha limpieza, con una autofagia muy deficiente, con lo que interfieren en el correcto funcionamiento del cerebro.

La revista Science ha publicado una investigación, en la que se declara que dormir después del aprendizaje consolida la memoria, puesto que se ha comprobado que las espinas dendríticas se estabilizan tras el sueño.

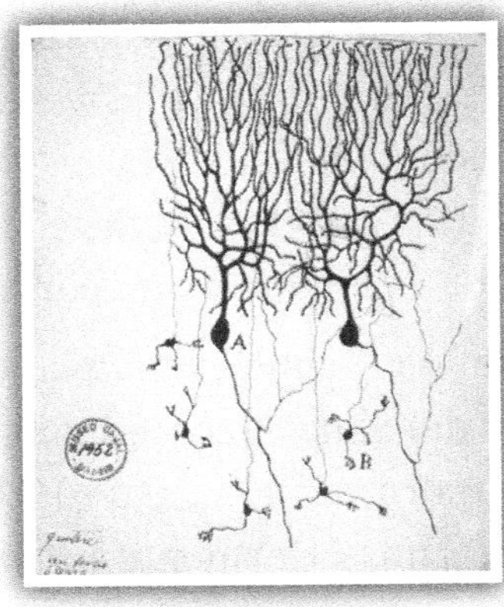

Dibujo realizado por Ramón y Cajal

Dibujos realizados por Ramón y Cajal
(la tinción de la derecha es con azul de metileno).

A modo de colofón, parece que a la historia le gusta reafirmar las teorías de hombres geniales, bastantes años después de que estos hayan desaparecido, como es el caso de Ramón y Cajal, que si importante fue su teoría del neuronismo, más fue su descubrimiento de las espinas dendríticas, que han sido de una enorme trascendencia para las investigaciones presentes y futuras sobre la cognición, ciertos trastornos mentales y sobre todo la memoria.

Configuración neuronal del ser humano.

Los períodos críticos del desarrollo de la infancia temprana

–Querido Humano, en este mismo momento, toda la visión global que recibes, te la están proporcionando millones de engramas de conexiones neuronales, recibiendo miles de detalles de tu entorno, llenos de colores y de contrastes. No olvides que la luz que entra en mi oscura y cerrada bóveda craneana, a través de la retina, lo hace en forma de impulsos electroquímicos, por lo que aunque fuese de gran intensidad, no iluminaría ningún rincón de mi mansión mágica, digamos que la luz penetra formando un mosaico topográfico de colores, una especie de lámina de dibujo, que mostrará cómo tú querido Humano, ves el medio exterior, después de procesar el estímulo ambiental y transformarlo en una imagen mental, que no tiene que ser exactamente igual que la realidad exterior.

Cuando imaginas que quieres conseguir algo, o que estudias cualquier tipo de conocimiento, o que visionas o experimentas lo que se te ocurra, estás estableciendo conexiones neuronales, algunas nuevas y otras ya establecidas, y conforme más repitas este comportamiento, más estarás afianzando asociaciones de neuronas y engramas de conocimiento, y más fácil será recuperar dicha actividad cognitiva. Este es el fundamento de la memoria, por ello cuando se dispara una asociación con una actividad cognitiva determinada, en ocasiones, se disparan todas las que constituyen la engrama, creando un canon de actividad.

Creo que en más de una ocasión habrás comprobado que un recuerdo de una época determinada te habrá revelado recuerdos selectivos de dicha época. No recuerdas el nombre de un compañero de tal colegio y tal año, pero empiezas a recordar la forma del aula, otros compañeros, algún profesor y de repente vienen recuerdos por todas partes. ¿Qué ha ocurrido?, sin saberlo, has ido moviendo, polarizando, espinas de zonas neuronales con información específica que van a desvelar mayor información referente al caso y llega el milagro, recuerdas no sólo el nombre del compañero, sino gran cantidad de detalles sobre el mismo, al disparar los engramas referentes a dicha actividad.

También cuando pierdes algún objeto que no encuentras, si haces mentalmente el último recorrido que hiciste con ese objeto, es muy posible que se dispare algún engrama de conocimiento y revele dónde dejaste aquello que buscas. Como ves tiene el mismo fundamento anterior.

-Entonces Cerebro, lo que me quieres decir es que aunque tienes miles de millones de neuronas, ¿debes configurarlas previamente para que sean útiles y que sólo se pueden activar con estímulos del medio exterior o interior, captados a través de los receptores sensoriales de los seres vivos?

-Exacto, para que una neurona funcione debe ser previamente configurada, y lo único que puede conseguirlo es un estímulo del medio, que tenga capacidad de excitarla, o sea, que produzca el impulso nervioso que consiga que la neurona segregue un neurotransmisor, al espacio de separación con otra neurona; los neurotransmisores son unas sustancias químicas que tienen la facultad de excitar o inhibir a las neuronas.

El estímulo debe ser novedoso, caso contrario, será captado por una neurona o asociación de neuronas ya configuradas por dicho estímulo en un momento anterior.

Además, la neurona al ser configurada por primera vez, lo que registra no es el estímulo físico en sí, sino que lo codifica a nivel bioquímico molecular, con una representación más o menos compleja, y un solo estímulo puede excitar numerosas neuronas que codificarán representaciones diferentes en función del análisis de que se trate.

Pongamos el ejemplo de un estímulo sonoro, habrá una neurona que codifique la amplitud, otra la frecuencia, otra el timbre, el tono, la duración, etcétera, a través de las sinapsis creadas en espinas dendríticas diferentes y se producirán asociaciones e incluso, en ocasiones, engramas de conocimiento.

Las palabras son estímulos sonoros y las neuronas no las codificarán por su significado, sino por sus elementos acústicos, algunos ya mencionados.

Conforme más neuronas logre configurar un cerebro, más conexiones podrán establecerse, más engramas de conocimiento y ende, ello supondrá mayor inteligencia actual y futura.

Si pudiésemos observar los cerebros de los seres vivos que nos rodean, sabríamos quienes son potencialmente los más inteligentes, aquellos que tuviesen mayor cantidad de espinas en sus neuronas y la mayor parte de estas conexionadas, y con menos potencialidad de inteligencia, aquellos que tuviesen gran cantidad de neuronas sin activar, o muchas de ellas ya destruidas por el desuso; porque efectivamente, si el cerebro percibe que hay almacenadas neuronas sin activar, va destruyendo aquellas que, o bien ya son inservibles, o tienen muy pocas probabilidades, dada su edad, de activarse o establecer conexiones.

-Cerebro, ¿qué quieres decir cuando mencionas la edad de las neuronas?

-Mi querido Humano, quiero expresar cuando menciono la edad, el mismo concepto que tienes de ella en tu realidad física, pero con algunos matices, hay neuronas que son jóvenes con veinte años de vida y otras que son ancianas, con nueve o incluso con menos años.

-¿Cómo es posible esa gran contradicción?, quisiera que me aclararas el envejecimiento neuronal, pues mi conciencia no es capaz de asumirlo.

-Creo que antes de aclararte lo que me pides, deberíamos dar un salto en nuestra conversación y descubrir el milagro de la vida humana, entonces lo comprenderás perfectamente.

-Totalmente de acuerdo, Cerebro, soy todo oídos.

-El primer gran milagro es tu aparición, querido Humano, desde la materia más insignificante surges tú, cuando subjetivamente adquieres la experiencia de tu propio ser, tu conciencia, lo que se conoce filosóficamente como mismidad, el ser personal, intransferible, intransmisible, pero ligada a tu cerebro de donde surges, aunque le trasciendes con tus capacidades individuales. No olvides lo que ya te dije, cuando muere tu cerebro, muere asimismo tu conciencia y tú mismo, querido Humano. Ni el concepto de conciencia es posible sin un cerebro, ni puede subsistir una conciencia sin cerebro. Lo contrario sí es posible, un cerebro que no pueda manifestarse en una conciencia por carencias congénitas o patologías, muy severas.

Hay científicos que pretenden demostrar que la conciencia no tiene que emerger necesariamente de un cerebro y olvidan que una cosa es la ciencia y otra la metafísica, es decir lo que está más allá de lo físico, y nosotros estamos hablando de conceptos científicos, no estamos filosofando y por tanto no entramos a debatir conceptos morales o religiosos. Otra cosa sería considerar, que la conciencia existe en la naturaleza con independencia del cerebro, pero para que pueda ser detectada, es imprescindible que exista un cerebro más o menos estructurado, que sirva de vehículo de expresión de la conciencia.

Hay un momento en la configuración del cerebro, una vez conexionadas millones de neuronas entre sí, que hacen que surja la conciencia, la experiencia subjetiva del individuo portador del cerebro.

Y el milagro de la conciencia, surge del milagro de la vida de los seres humanos, dentro de la evolución de las especies; surge así de la materia, y la trasciende espectacularmente, al plantearse que es consciente de que está aprendiendo, lo que está experimentando.

El hombre viene de un ser vivo menos evolucionado, éste a su vez de otro menos evolucionado, y así sucesivamente, retrocediendo hasta los primeros coacervados del caldo primigenio, pero lo que aquí nos interesa es el milagro de la vida de los seres humanos.

Desde que se produce el disparo espermático dentro del útero, se inicia una carrera de velocidad de los espermios masculinos en dirección hacia las trompas de falopio, en busca del óvulo femenino para fecundar éste.

Sólo un espermio puede penetrar en el óvulo, aportando sus veintitrés cromosomas que con los veintitrés que se encuentran en el óvulo, constituyen los cuarenta y seis que dan lugar a un nuevo ser humano, pero para llegar al mismo hacen falta millones de células y todas ellas provienen de la primera que se forma, el zigoto y se van duplicando a través de un fenómeno conocido como mitosis.

Luego se forman dos células totalmente idénticas, unas treinta horas después de la fecundación. Estas dos células se dividen en cuatro, luego en ocho y así sucesivamente. A los tres días, ya hay treinta y dos, formando lo que se conoce como mórula, pero sin que las células hayan crecido, lo que no ocurre hasta una semana después de la fecundación, en que empieza a haber diferenciaciones entre ellas y según la posición que ocupen, tendrán funciones diferentes. Pero la diferenciación sólo se producirá a nivel del núcleo de la célula, donde se encuentra el contenido genético.

Las células dejan de dividirse, por la segregación de una sustancia llamada calona.

El embrión se modelará según muchos factores, pero el principal, serán los genes contenidos en los cromosomas, e incluirá otros factores también muy importantes, como serán todas las variables medioambientales pre y perinatales que tenga a su alrededor, incluyendo la nutrición que reciba en el claustro materno.

Pero lo sorprendente no es que se esté formando un ser humano, sino que se está fabricando un cerebro, lo que conlleva a su vez, que sean creadas millones de neuronas que posibilitarán la aparición de una nueva conciencia, y como el cerebro se nutre de información, pues sin información no podría subsistir, necesitará unos receptores sensoriales, ojos, oídos, etcétera, que capten los estímulos del medio externo e interno, estímulos que excitarán sus neuronas, las que una vez configuradas en grado óptimo, permitirán ese logro último de conciencia humana.

Necesitará también órganos de locomoción, prensión y centrales modificadoras y propulsoras de energía, piernas, brazos, corazón, vísceras, etcétera., amén de una estructura capaz de soportar y mantener unidos dichos órganos, la columna vertebral.

Todo subordinado a la consecución última de obtención de información, en forma de estímulos de todo tipo.

Son los genes contenidos en los cromosomas, el genotipo, la expresión fiel de cómo se va a formar la arquitectura de un nuevo ser humano, de un nuevo cerebro y de una futura conciencia, al ser portadores del ácido desoxirribonucleico, (el ADN), de estructura helicoidal, quien controla básicamente la vida, con su información genética y posibilidad de transmisión de generación en generación.

Hay un programa denominado "Genoma Humano", que estudia donde se encuentra dentro del código genético la información de posibles deformaciones, deficiencias y enfermedades hereditarias.

Es cierto que la herencia es un factor muy importante en el desarrollo humano y que la transmisión hereditaria de por siglos, ha sido un componente trascendental en la salud física y mental de los individuos, pues el mecanismo de selección natural de las especies, ha favorecido que se transmitan los caracteres de los individuos más aptos para sobrevivir en el medio que les ha tocado vivir y obviamente ha eliminado aquellos individuos con deficiencias de aptitud. Pero aún así, aunque la herencia puede ser determinante en casos extremos, en lo referente al cerebro, lo más relevante es el aprendizaje del día a día.

Las verdaderas diferencias individuales no son las genéticas, ni las de raza, sexo o condición humana. Lo que verdaderamente diferencia a los seres humanos es su configuración neuronal, la cantidad de neuronas activadas por los estímulos del medio, las conexiones entre neuronas, las asociaciones de conexiones y la integración de conexiones en engramas de conocimiento.

Es más, en los casos notorios de deficiencias genéticas relacionadas con las neuronas, el aprendizaje estimular para establecer conexiones neuronales puede coadyuvar dicha problemática en gran medida, en elevado número de ocasiones.

Se ha especulado siempre con la inteligencia de los seres humanos, y la historia de las diferencias individuales ha venido siempre marcada con sesgos de, opinión, metodológicos y razones de toda índole.

Eran frecuentes tópicos como estos: "Por supuesto, un individuo de raza blanca, por el hecho de serlo es superior intelectualmente a un individuo de raza negra o a un individuo de cualquier otra raza". "El hombre siempre es más inteligente que una mujer". "Un payo es más inteligente que un gitano" etcétera.

La lógica de tales aseveraciones defendían intereses espurios y en el supuesto que se aplicasen pruebas psicológicas para tratar de refrendar dichas hipótesis, las mismas estaban muy condicionadas para que los resultados confirmasen lo esperado.

Con el tiempo se mejoró en la selección de las pruebas y se aceptó que más inteligente no era el que tuviese mayor bagaje cultural, bagaje adquirido probablemente por poseer circunstancias económicas o ambientales más favorables, sino aquel sujeto cuyo cerebro respondiese más rápidamente a la presencia de estímulos diversos, como con la aplicación de la técnica de los potenciales evocados, donde se realizaba un electroencefalograma al examinado y se iban registrando las respuestas a estímulos diversos, luminosos, sonoros, propioceptivos, etcétera, que se le iban mostrando. La inteligencia se medía en función de la rapidez de las respuestas del organismo a los estímulos y los resultados globales no permitían manifestar alegremente las diferencias individuales de antaño.

En efecto, había mujeres más inteligentes que hombres y hombres más inteligentes que mujeres, también había personas de raza negra más inteligentes que personas de raza blanca y viceversa. Aún así existía un sesgo metodológico grave, que inclinaba la balanza a favor de los hombres, en contra de las mujeres y a favor de las personas de raza blanca, en contra de las personas de otras razas. Las mujeres y las personas de otras razas, trabajaban en sectores poco cualificados, las primeras como amas de casa y las otras en puestos de servidumbre, con lo que estaban menos habituadas a los estímulos generales del medio.

Desde el punto de vista de la psicología cerebral, todos los seres humanos nacen con el mismo potencial de inteligencia, sin distinción de ningún tipo.

La genética puede jugar alguna mala pasada, pero serían casos esporádicos, además lo que prefija es la estructura biológica de padres a hijos, color de ojos, forma de la nariz, constitución tipo, etcétera, y el proceso de maduración orgánico y estructural del organismo. La herencia, es la transmisión de padres a hijos de una dotación genética propia de cada generación.

Sin embargo, el aprendizaje está en función de la experiencia vivida, de los estímulos del medio que captan los receptores sensoriales externos e internos. Además, desde el punto de vista psicológico, el medio o ambiente circundante no tiene connotaciones físicas o geográficas, sino que responde a la conceptualización del total de estímulos que un sujeto puede recibir a lo largo de su vida, aunque es evidente que la situación geográfica y determinados aspectos físicos significativos, afectan al medio psicológico, pero sin apenas trascendencia dentro del contexto global.

Hay otro concepto que no podemos obviar en el proceso evolutivo del ser humano, cual es la maduración, es decir la adquisición en el tiempo de estructuras y procesos orgánicos, que le posibiliten ejercer desde un punto de vista funcional. La maduración ha sido considerada de forma tradicional por los científicos, independiente del medio, pero hoy día está totalmente descartado, pues el aprendizaje, sobre todo desde la perspectiva de la psicología cerebral, influye enormemente en el proceso madurativo.

Hay que tener en cuenta que todos los neonatos nacen aproximadamente con el mismo número de neuronas y que necesitan que estímulos apropiados lleguen a sus receptores específicos y exciten el mayor número de neuronas posibles, para que se vayan constituyendo patrones de conexiones neuronales, teniendo en cuenta la información recibida, pero esta configuración neuronal no es caprichosa, ya que hay períodos establecidos previamente para el desarrollo de redes neuronales de los infantes, es decir, desde el nacimiento hasta los nueve años de edad aproximadamente, que revelan la enorme importancia que una adecuada estimulación, unida a criterios de cuidado y afectividad, ejercen en estos primeros años de vida; es lo que se denomina "períodos críticos del desarrollo de la infancia temprana", en el que cada actividad cognitiva tiene su propio calendario crítico, para establecer el mayor número de enlaces neurales que posibiliten con posterioridad, poder ejercer dicha capacidad con mayor o menor eficacia. Pasados dichos períodos críticos, el organismo realiza una apoptosis, eliminación de neuronas que no han conectado con otras y ante la imposibilidad de poder hacerlo en el futuro son eliminadas.

-Entonces Cerebro, pasado cierto tiempo, habrá neuronas que mueran para siempre, por el desuso.

-Efectivamente querido Humano, y sin la estimulación apropiada en estos períodos críticos, los sujetos no conseguirán la maduración necesaria de determinados órganos y funciones, pudiendo incluso sobrevenirles la muerte, como solía ocurrir en las inclusas, con la muerte súbita de niños que no recibían prácticamente ninguna muestra de cariño, ni estimulación alguna.

Todas las actividades cognitivas tienen un calendario crítico: la visión, la audición, la estabilidad emocional, el lenguaje, etcétera.

-Me estás diciendo Cerebro, que más importante que la herencia, lo es el medio y que incluso el aprendizaje influye en el desarrollo de órganos y funciones en los primeros años de vida. Quiere eso decir que aunque genéticamente esté modelado el órgano de la visión, ¿si no se ejercita un aprendizaje estimular, en un período crítico, dicho órgano puede tener disfunciones?

-Querido Humano, efectivamente es así, pero no pretendas llevar el debate al todo o nada, importante es la dotación genética apropiada de un futuro aspirante a la vida, para que pueda disfrutar de la misma sin carencias, sin deficiencias, a veces insalvables para poder llevar una existencia digna, pero tan importante o más, es el medio donde se mueva dicho aspirante, para que pueda recibir los estímulos imprescindibles para su maduración como persona y poder realizar sus funciones típicamente humanas.

Imagina un sujeto con una conciencia maravillosa que por una malformación genética no tuviese brazos ni piernas. Imagina a su vez, otro sujeto con una estructura corporal envidiable y un cerebro pobremente configurado, con apenas conexiones neuronales, al no haber sido prácticamente estimulado en sus primeros años de vida, y que apenas es capaz de expresar sus emociones e interactuar con el medio.

Entre ambos supuestos, posiblemente si hubiese elección para decidir, casi todo el mundo se apuntaría a la conciencia maravillosa. Lo indudable es, que tanto la herencia como el medio, deberían ser óptimos en la medida de lo posible, pero en lo que he querido profundizar más, es que así como en la herencia tenemos a veces pocas alternativas para subsanar disfunciones, (aunque con el tiempo también se lograrán avances muy importantes en este terreno), en el aprendizaje sí contamos con grandes posibilidades para obtener aquello que nos propongamos.

No solo podemos conseguir mejorar nuestra inteligencia y hacer posible una maduración correcta de nuestro organismo, sino que nos podemos valer de técnicas para lograr esas pequeñas aspiraciones con las que soñamos, y por qué no, alcanzar anhelos más costosos pero fuertemente deseados, como podrían ser, triunfar en el mundo de las finanzas o graduarnos en derecho, alguna ingeniería o cualquier otra disciplina que deseemos dominar o ejercer en nuestra singladura de la vida. Aseveraciones que podemos hacer extensivas a nuestro mundo de emociones familiares y sociales.

Para contestarte a lo del órgano de la visión, te voy a mencionar unas investigaciones con gatitos que realizaron unos científicos, el neurobiólogo sueco, Torsten Nils Wiesel, ganador del Premio Nobel de Fisiología o Medicina en 1981, por sus aportaciones en el estudio del área visual de la corteza cerebral, premio que compartió con el canadiense David H. Hubel, quien además contribuyó a la revolución intelectual en la neurociencia.

Dichos científicos experimentaron con gatitos recién nacidos, deprivándolos de estímulos visuales durante el período crítico de detección de rasgos externos, durante la cuarta semana de vida, lo que produjo la degeneración de sus neuronas corticales y la imposibilidad de detectar dichos rasgos en el futuro, es decir, ceguera funcional.

El profesor de investigación del Instituto Cajal del Consejo Superior de Investigaciones Científicas (CSIC), el madrileño, doctor en Medicina, Facundo Valverde García, entre 1966 y 1971, investigó la variabilidad del número de espinas dendríticas piramidales de la corteza visual en ratones, mediante la deprivación sensorial ocular, manteniendo ratones desde su nacimiento en oscuridad absoluta y por distintos períodos de tiempo, concluyendo con que la deprivación de la visión provoca un daño permanente en determinadas neuronas de la corteza visual, daño más acusado en animales muy jóvenes que por tanto no recuperarán el número normal de espinas con condiciones normales de luminosidad. En una comunicación de 1971, Valverde observó que en los experimentos realizados con los ratones criados en la oscuridad, los cambios de déficit en su número de espinas dendríticas, respecto a ratones criados sin deprivación, eran irreversibles, si este período deprivatorio coincidía con el período crítico del desarrollo de la visión del ratón, mientras que podían ser reversibles si no coincidía con dicho período, con lo que dedujo que la formación y mantenimiento de las espinas dendríticas, fundamentales para la memoria y el aprendizaje, dependía de la actividad sináptica, (más espinas con más actividad y reducción de espinas con reducción de la actividad) y se podía modular con la experiencia sensorial, dependiendo de la edad del animal, a no ser que la deprivación hubiese sido experimentada durante el período crítico, en el que las alteraciones eran para siempre.

Por lo tanto, con los bebés es muy importante la activación de sus neuronas corticales, especialmente durante el período crítico de la visión, para evitar en el futuro posibles disfunciones.

-No crees Cerebro, que esos experimentos suponen un maltrato animal.

-Ten en cuenta querido Humano, que al margen de disquisiciones morales sobre la conveniencia o no del uso de animales para estos tipos de trabajos, y aún cuando parezca cruel lo de los gatitos y lo de los ratones, aplicado al mundo de la medicina, ello ha permitido que muchas personas hayan conseguido visión en su ojo vago, al deprivar en determinados periodos su ojo dominante, tapándolo con un parche y consiguiendo así visión en ambos ojos, una vez configuradas con antelación sus neuronas corticales en ambos ojos, como es lógico.

-¿Y cómo podemos saber Cerebro cuándo comienza un período crítico de una actividad cognitiva cualquiera? ¿Y cuándo termina?

-Pues muy lógico, tendremos que seguir el mismo calendario que sigue el desarrollo del sistema nervioso del embrión y posteriormente del neonato, para lo que será necesario describir lo que ocurre dentro del claustro materno.

En primer lugar tiene que ir formándose el cerebro y dentro del mismo las neuronas y los componentes necesarios para que puedan realizarse las conexiones sinápticas, siendo muy importante como ya te he dicho la formación de vainas de mielina que cubrirán los axones y van a posibilitar la propagación de los impulsos nerviosos entre las neuronas.

La etapa embrionaria comienza con la fecundación, es la etapa inicial del desarrollo humano y dura unas ocho semanas aproximadamente y se caracteriza por la formación de los diferentes órganos y tejidos a través del proceso de diferenciación celular, donde se distinguen tres etapas: blastulación, gastrulación y organogénesis; siendo en esta última como su propio nombre indica, cuando se produce la génesis de los órganos que van a conformar el organismo futuro, mediante la transformación de las capas embrionarias precedentes, (ectodermo, mesodermo y endodermo).

Es la etapa más importante, desde la tercera semana hasta la octava semana, para conseguir que los órganos del feto sean lo más satisfactorios posibles, teniendo enorme importancia toda la estimulación externa que reciba, de tal modo que hay una correlación directamente proporcional fundamental, a mayor influencia externa negativa, mayores consecuencias adversas, y viceversa, a mayor influencia externa positiva, mayores consecuencias favorables en el desarrollo de los distintos órganos del futuro ser humano y su óptima funcionalidad. Es de vital importancia evitar en el seno materno, principalmente en esta fase, drogas de cualquier tipo, alcohol, sensaciones y emociones fuertes negativas, etcétera.

Al concluir el período embrionario, el embrión pasa a denominarse feto y durante la etapa fetal ya no se forman órganos o tejidos nuevos, sino que se produce la maduración de los ya conformados en la etapa anterior.

El ser humano empieza a conformar su cerebro desde el período prenatal, que es cuando se forman las neuronas. A los 19 días de gestación comienza el desarrollo embriológico del sistema nervioso y lo primero que aparece es el tubo neural, (el primordio de los peces del período cámbrico), de forma cilíndrica, que surge del ectodermo a partir del proceso conocido como neurulación, donde los bordes laterales de la placa neural se elevan formando pliegues neurales, hasta llegar a un punto de elevación donde se fusionan, cerrando la placa y quedando constituido el tubo neural.

La parte externa de cada pliegue sobrante, después de cerrado el tubo, se separan de éste y del ectodermo y se juntan entre sí creando una nueva estructura que se denomina cresta neural y que se coloca entre el tubo neural y el ectodermo.

Al final de la cuarta semana; será de este tubo neural de donde surja a su vez el cerebro y su médula espinal, y podrá apreciarse en el extremo superior del mismo, tres abultamientos o vesículas: la anterior formará el cerebro anterior o "prosencéfalo", con dos prominencias laterales para las vesículas ópticas y que se dividirá en el diencéfalo, (tálamo e hipotálamo) y en el telencéfalo, (hemisferios cerebrales), la siguiente formará el cerebro medio o "mesencéfalo" y la tercera formará el cerebro posterior o "rombencéfalo" que formará el cerebelo y conectará con el resto del tubo neural transformándose finalmente en la médula espinal.

Las neuronas empiezan a formarse en el tubo neural y en la cresta neural, donde se origina una proliferación de neuroblastos, las células precursoras, que una vez constituidas inician una migración hacia sus lugares definitivos de emplazamiento, ocupando las capas corticales más profundas las primeras células generadas, por orden de llegada y las más superficiales, las últimas en migrar. Una vez en sus lugares de destino comienza la diferenciación celular y desarrollan sus ramificaciones, (dendritas, axones y telodendrias).

Imagina, querido Humano, la enorme complejidad y gran trascendencia que supone la fabricación de la enorme cantidad ingente de neuronas, la presencia de neuronas será significativa a partir del cuarto mes, pues se pueden llegar a generar más de

250.000 neuronas por minuto, lo que explicaría la posibilidad de casi un trillón de conexiones neuronales en un recién nacido.

Pues bien estas neuronas no se crean en sus lugares definitivos de emplazamiento, sino que en el tubo neural se originan todas las neuronas y las células gliales que forman el sistema nervioso central y en la cresta neural, las células que forman el sistema nervioso periférico.

El desplazamiento de las neuronas desde la parte ventricular del tubo neural sigue un mecanismo distinto de migración que el de las células de la cresta neural. Las neuronas madre del tubo neural, utilizan las prolongaciones de la glía radial ejecutando un movimiento ameboide y al llegar a sus puntos de destino, es cuando comienza la diferenciación, (neurona motora, neurona sensorial, etcétera), en el que las neuronas adquieren sus características tanto morfológicas como fisiológicas de neuronas adultas, para lo que tiene lugar el crecimiento del soma neuronal, elaboración de dendritas y axones y el establecimiento de la propiedad de la propagación del potencial de acción de la neurona.

A continuación se realiza el cableado para establecer la red neural biológica, determinada intrínsecamente, (genéticamente), para unir unas neuronas con otras en sus lugares de destino correspondientes, mediante la mediación de lo que se conoce como cono de crecimiento, una zona existente dentro de la neurona, bautizada así por Ramón y Cajal, que es precisamente el lugar donde se originan las prolongaciones de sus dendritas y de sus axones.

El cono de crecimiento de la neurona, determina la elongación de sus axones buscando conexiones con otras neuronas aferentes o eferentes, para lo que se vale de los filipodios, también llamados microespinas, que están formados por microtúbulos y microfilamentos; estos filipodios se orientan paralelamente al eje longitudinal de los axones, son una estructura móvil que avanza y se retrae, al explorar el espacio extracelular, para determinar la dirección de crecimiento del axón hacia las dianas, (neuronas receptoras), para facilitar la formación de sinapsis.

Por último, cuando los axones en crecimiento llegan a su extensión definitiva frente a sus neuronas diana, establecen comunicación con las mismas a través de unas señales neurales, lo que se conoce como sinapsis. Habitualmente generan más contactos de los precisos, para asegurar la conexión, es como una especie de comprobación de que el circuito está bien establecido y que por tanto funciona, realizándose una sobreproducción de sinapsis provisionales.

Las neuronas que no consiguen contactar con sus dianas o que sus axones abarcan un área de pocas ramificaciones, mueren, así como las que tengan poco acceso al factor trófico que emiten las dianas para promover el mantenimiento y supervivencia de las neuronas. Todo esto origina una apoptosis que oscila entre un 25% y un 75%,, y provoca la realización posterior de un ajuste de las poblaciones neuronales y de sus contactos sinápticos, por la reorganización de las que han quedado realmente operativas. Es lo que se denomina período de máxima susceptibilidad, sujeto aún a la teratogenia del período embrionario y período fetal durante la gestación del ser humano, debido a los cambios bruscos del embrión y a la diferenciación, crecimiento y maduración tisular del feto. La teratogénesis, del griego "terato", (monstruo), actúa durante los períodos citados, debido a estados carenciales, sustancias químicas o agentes infecciosos, dando como resultado una dismorfogénesis morfológica o funcional en el período postnatal.

Tan importante o más que el establecimiento de conexiones neurales, es la consolidación de las mismas y esto está estrechamente vinculado con la imposibilidad de poder codificar genéticamente, donde deben situarse todas y cada una de las conexiones sinápticas del encéfalo de un ser humano, y es que la genética no puede predecir todas las vicisitudes que va a experimentar con el entorno, con su medio ambiente, el colosal contenido neuronal, por lo que es conveniente mantener una flexibilidad de establecimiento, que permita luego posibles reorganizaciones y nuevas conexiones, que serán fundamentales para el aprendizaje futuro y la maduración cerebral.

Se deduce de ello la gran correlación existente entre la herencia y el aprendizaje, aunque en esta cuestión, al margen de la necesidad de que las neuronas hayan sido establecidas sin malformaciones génicas de ningún tipo, es prevalente el aprendizaje, que será el que modelará desde un principio las conexiones que deben quedar establecidas de acuerdo con los períodos críticos de la infancia temprana, y que son los que van a prefigurar las capacidades futuras y la personalidad del adulto.

Es por ello, la explicación tanto de la sobreproducción de conexiones sinápticas, como de la apoptosis neuronal, para dar lugar a esa flexibilidad que requiere el futuro comportamiento humano, quedando de esta forma eliminadas aquellas conexiones que no han sido, o bien establecidas o que se corresponden a habilidades y comportamientos no experimentados por el sujeto, que serán la mayor parte de las eliminadas, de ahí la insistencia de estimular al infante con estímulos nuevos y diversos, para asegurar potencialmente una mayor inteligencia cerebral, que pueda serle útil en cualquiera de las cambiantes circunstancias de la vida.

Aproximadamente, en una persona adulta existen la mitad de terminaciones axónicas que en el neonato.

-Cerebro, estoy imaginando que lo que ocurre, es algo parecido al método empleado para llevar a cabo grandes obras de la humanidad, como por ejemplo y es lo primero que me viene a la mente, la construcción de las gran pirámide de Keops de Egipto, la más antigua de las siete maravillas del mundo, en la que hubo que trasladar 2,3 millones de bloques de piedra con un peso medio de dos toneladas y media por bloque, dándose el caso que algunos de los bloques pesaban hasta sesenta toneladas, más otros 27.000 bloques de piedra caliza pulida de color blanco, con un peso de varias toneladas cada uno, destinados como revestimiento de los primeros bloques de piedra.

De aquí surge la expresión: fue una "obra faraónica", y por lo que me cuentas, tu construcción para llegar a ser un cerebro, es la obra cumbre de cualquier obra imaginable, la primera maravilla de la naturaleza, que va más allá que una obra faraónica, que la empleada para construir la gran pirámide y además sin posible comparación en el tiempo de construcción, 20 años para la pirámide y apenas nueve meses para un cerebro. Los bloques de piedra después de trasladarlos a su lugar de destino había que elevarlos subiéndolos de grada en grada utilizando artefactos realizados con maderos.

Para construir un cerebro, primero hay que fabricar el material que se va a utilizar, 100.000 millones de neuronas que luego hay que trasladar elevándolas para llegar a su punto de destino, utilizando unas células gliales y otros componentes químicos, y una vez allí hay que revestirlas, (diferenciación) y colocarlas en su sitio utilizando unas especies de grúas, los filipodios, para que puedan efectuar su trabajo con efectividad.

-Efectivamente querido Humano, hay una gran similitud a la hora de comparar grandes obras humanas y las que de por sí ejecuta la propia naturaleza, pues no podemos olvidar que nosotros somos también naturaleza, porque todos venimos de la luz y estamos compuestos de sustancias microscópicas; el macrocosmos viene del microcosmos, y ello no quiere decir que el microcosmos sea menos complejo, al contrario puede llegar a ser mucho más complejo, como aparenta ocurrir en la fabricación, migración y colocación de las neuronas cerebrales.

Te voy a citar un ejemplo muy simple, un pequeño caracol, seguro que ante su presencia, ningún ser humano va a sentir el más mínimo temor, es mucho más pequeño y va a una velocidad muy reducida comparada con la que pueda desarrollar cualquier persona, suponiendo que pudiera ser un peligro, que no lo es. Ahora vamos a introducirnos en el mundo del caracol haciendo un gran esfuerzo, pues tenemos que reducir nuestro tamaño al de una hormiga y de repente nos topamos con nuestro inofensivo caracol y observamos con horror que según va avanzando hacia nosotros nos va mostrando sus poderosos dientes, ni más ni menos, que 25.000 dientes microscópicos dispuestos a triturarnos como si fuéramos una hoja de lechuga, por lo que salimos corriendo despavoridos en el sentido opuesto al de su marcha.

Perdona querido Humano, mi toque de humor, sólo quería mostrarte lo relativo que es todo y lo difícil que es poder comparar mundos tan diferentes..

El electroencefalograma de un feto muestra alguna actividad cerebral a partir de las 22 semanas de gestación y los patrones básicos de sueño y vigilia aparecen a las 24 semanas.

Las primeras conexiones se establecen a partir de la semana 26 cuando comienza el cableado, conexiones que permitirán las funciones cerebrales más básicas. Todas las ramificaciones neuronales estarán completadas durante la semana 30, en el que se puede considerar completo el cableado y es a partir de este momento cuando debemos iniciar el establecimiento del número máximo de conexiones posibles, para ir configurando desde el feto la máxima inteligencia cerebral.

Llegará un momento que habrá millones de neuronas sin conectar y si pudiésemos fotografiar el contenido cerebral, veríamos gran número de trazos de líneas comunicando neuronas entre sí pero sin apenas cruce entre los trazos, pero con el tiempo, con la actuación de los estímulos del medio dentro del claustro materno, el número de conexiones irá en aumento y una hipotética fotografía mostraría un sinfín de cruces de trazos neuronales.

Estos estímulos pueden ser exteriores, como un sonido cualquiera, con la intensidad suficiente para que se pueda ser percibido dentro del vientre de la madre y lo pudiese oír de esta manera el embrión en una fase capaz para ello, normalmente después de la semana 26, aunque no estará operativo del todo hasta después de la semana 30. Sin embargo hay un estudio realizado por investigadores del Institut Marqués de ginecología y obstetricia de Barcelona, que parece indicar, que los fetos pueden oir e incluso responder a estímulos musicales que se emiten a través de la vagina de la madre, a los cuatro meses de embarazo.

Habrá otros estímulos internos diversos, como el movimiento de la madre, el contacto con sus manos sobre su vientre, la comida y bebida más o menos caliente o fría etcétera, que igualmente podrán ser percibidos por el feto.

Durante el embarazo avanzado, se ha constatado que algunos fetos, se ponían a dar patadas y a moverse de inmediato continuamente, ante el sonido próximo de una melodía agradable. Ciertamente, un método que se utiliza hoy día durante las últimas semanas del embarazo, utiliza la música para orientar la posición del feto preparándolo para el parto, sobre todo en aquellos casos que no está ubicado en la posición correcta para ello, es decir con la cabeza hacia abajo, sino que está, o bien atravesado o con la cabeza hacia arriba. Para ello se emite música en el pubis de la madre y curiosamente en gran número de casos, el feto se orienta hacia el lugar de donde procede la música, con la finalidad aparente de percibir mejor el estímulo sonoro y de esta forma se consigue revertir o corregir su posición anómala, poco favorable para un parto adecuado.

También, durante el octavo mes de gestación, si la gestante ingiere agua algo fresca, para aliviar su sed, con su feto en calma absoluta, suponiendo algo así como que estuviese durmiendo una apacible siesta, cuando el agua fluye hacia el estómago de la madre, el feto normalmente pataleará y se moverá inquieto.

Muchos más ejemplos podrían citarse, como cuando el sanitario al realizar una ecografía enciende un foco de luz y lo dirige hacia el vientre materno; podrá apreciarse un giro de la cabeza del feto evitando el aumento de luminosidad interna, dentro de su mundo lleno de oscuridad casi absoluta.

El feto puede recibir estimulación para todos sus sentidos, y dentro del sentido de la vista, podrá incluso apreciar la luminosidad solar sobre el vientre de su madre.

Es obvio, que esta estimulación debe estar coordinada con el desarrollo del embarazo, es decir, para que pueda sentir la luz, deberá contar con un mínimo de formación nerviosa cortical, capaz de percibir la estimulación visual, lo que suele ocurrir durante la fase última de la gestación.

Al principio, primará la herencia y será su contenido genético, recibido en los cromosomas, por ambas partes, del padre y de la madre, los que de algún modo, como un arquitecto director, iniciarán la obra de formar un ser humano, pero esta construcción perfectamente planeada, será modificada, a veces de forma esencial y significativa por el medio exterior como por ejemplo ante una enfermedad de la madre, sobre todo, que pueda tener influencia directa sobre la salud del feto, ingesta por parte de la progenitora de teratógenos tales como, drogas, alcohol, tabaco, medicamentos contraindicados, mala alimentación o demasiado copiosa o escasa, falta de estimulación exterior del feto durante las diferentes fases de su desarrollo, lo que dará lugar a un futuro bebé con un mínimo de conexiones neuronales establecidas,etcétera.

Luego, siguiendo con el símil del arquitecto, por muy bien diseñados y estudiados que estén los planos de la obra a construir, será vital contar con una buena coordinación en el proceso, materiales de buena calidad, terreno apto para la construcción, pues en caso contrario el resultado puede llegar a ser pésimo, incluso inviable, de donde se deduce la gran influencia que tiene el medio de cara al resultado final, entre lo que se haya propuesto el arquitecto y de lo que se obtendrá realmente.

-Creo Cerebro, que me transmites como lo más importante, que la estimulación del medio es crucial para el desarrollo del feto, del bebé y del niño, y que irá coordinada con la maduración de los diferentes órganos nerviosos y que precisamente esta maduración será la que marque los diferentes períodos críticos de las distintas actividades cognitivas.

-Contemplo con satisfacción Conciencia, que tienes buenas conexiones neuronales establecidas, pues efectivamente es así, siendo la maduración la referencia que debemos seguir al fijar los períodos críticos y ahora puedo contestar a una pregunta tuya anterior, aún no contestada, sobre el envejecimiento neuronal. Cuando un niño con ocho o nueve años, está en un período crítico de cierta actividad cognitiva y no recibe estimulación adecuada, gran cantidad de sus neuronas específicas no van a ser excitadas, sin posibilidad de serlo posteriormente, con lo que serán neuronas a las que le quede un margen muy estrecho de vida, ya que acabarán muriendo por ese desuso y necesidad del neocórtex de limpieza funcional de aquello que le es inservible. Serán por tanto neuronas de avanzada edad, aún con una existencia de ocho o nueve años.

Sin embargo, por citar un ejemplo, neuronas previamente excitadas en su período crítico, que se encarguen del lenguaje, con veinte años, serán neuronas jóvenes al ser la expectativa de vida del ser humano bastante más elevada que esos veinte años.

Después de aquella interesante conversación, mi Cerebro, no me llamó más humano, sino Conciencia.

Traté de sacar provecho propio de aquellas enseñanzas y me divertía analizando otros cerebros y otras conciencias, tanto de personas de mi entorno como de aquellas, que por azar cruzábamos vagamente nuestros caminos de vida, como podían ser, los seres anónimos que aparecían y desaparecían sin volver nunca a aparecer.

Sentado en un banco, en un espacioso parque, sin apenas moverme, podría parecer un aspirante a la adolescencia que disfrutaba de la quietud del lugar, del aire limpio, y sin grandes problemas existenciales. La realidad era otra, muy diferente, intentaba conectar conscientemente con mi conciencia: "Ahora que observo aquella bonita fuente con tantos chorros de agua, estoy conectando con mis correlatos neuronales de mi percepción subjetiva visual, y lo que veo es una representación de la imagen externa, introducida en mi cámara oscura craneal, por los fotones estimulares externos que penetran por mi retina, y permiten una abstracción de la fuente al ser procesada corticalmente. Pero es mi conciencia, la que emerge de mi cerebro y me permite ser consciente de la visión de la fuente, de lo agradable del lugar, de mi confort interno, de mi alegría interior, etcétera."

A escasos metros, dos mozalbetes jugaban a la pelota con sus pies, uno de ellos tenía gran habilidad para corretear con ella sin que apenas pudiera el otro hacerse con la misma y si lo conseguía, sin que rápidamente volviera a perderla. Era evidente que ambos habían tenido estimulación muy diferente de cara a ese juego.

Pasaron cerca de donde me encontraba, dos chicas jóvenes que se dieron cuenta de mi presencia, una al estar a mi altura sonrió levemente, la otra no torció la mirada en ningún instante y pareció acalorada. Según mis enseñanzas recibidas, la chica acalorada debía ser tímida y habría tenido menos estimulación social que la otra chica, aparentemente más normal.

Y de esta forma, no sólo reflexionaba sobre lo que iba aprendiendo, sino que a la vez iba consolidando mi aprendizaje y estableciendo más espinas en mis dendritas neuronales, ampliando mi campo de memoria y potenciando mis circuitos neuronales para poder alcanzar así capacidades cognitivas superiores.

¡Qué gran genio fue Santiago Ramón y Cajal!

El gran poder de la imaginación: Una historia de savants

Una tarde, entrado el crepúsculo, me tumbé sobre mi colchón de lana y me dediqué a una de mis aficiones favoritas, divagar acerca del misterio de la aparición del universo. ¿Ha existido siempre el espacio, desde el principio infinito de los tiempos, y es el espacio infinito? Que el espacio es infinito es indudable, si se pudiese acotar, desde el límite, siempre podríamos avanzar un paso más.

¿Y si pudiéramos volar como un avión a velocidades muy superiores a la de la luz, fuésemos inmortales y además, algo parecidos a nuestro concepto de espíritus puros?, es decir, seres sin necesidad de proporcionar energía de ningún tipo a nuestro organismo.

Pues bien, una vez preparado mentalmente, viajaba y volaba con mi pensamiento, con los ojos cerrados, por el espacio interestelar y visitaba muchos lugares inimaginables para ningún ser humano. Visité Saturno en varias ocasiones, y Marte y cómo no, el Sol, aunque la verdad, todo hay que decirlo, allí estuve incómodo, demasiada luz y excesivo calor. Mi viaje más largo fue llegar hasta la nebulosa de Orión. ¡Impresionante!, el castillo de fuegos artificiales más fabuloso que nadie podría observar jamás.

Y al imaginar a ese ser puro que viajaba a velocidades superlumínicas y que había salido de la tierra hacia lo desconocido, me entraban escalofríos sólo de pensar que nunca podría llegar a su destino, siempre viajando por el espacio, a veces virulento, otras oscuro, también hermoso, con luces, fenómenos y cuerpos celestes nunca vistos, en un viaje interminable sin puerto de destino.

Así es nuestro Universo, infinito hacia el más allá e infinito hacia el principio de los tiempos. Siempre ha estado ahí. (Eso pensaba en aquel entonces).

En aquellos viajes infantiles aprendí algo muy importante que ya me había indicado mi cerebro, al activar las neuronas de la imaginación, pues transcurrían tardes enteras en las que viajaba ensimismado; estas neuronas se disparaban más adelante con bastante frecuencia, sobre todo en el reposo, pues el cerebro no duerme nunca, y nuestra conciencia, cuando más reposada se encuentra es en las horas de sueño, ante la ausencia casi total de estimulación externa y qué benditos sueños tenía en aquel entonces, creo que no he viajado más en mi vida y no he recibido mejores estímulos nunca, algunos muy sorprendentes en luminosidad, colorido, sentimiento de bienestar y de puro placer.

Algunas veces al reflexionar sobre ello, he creído que podría ser el mejor método para alcanzar la kundalini, la energía invisible e inmedible del hinduismo, o sentir los mismos efectos alucinatorios que produce la mezcalina, o algún otro tipo de droga dura.

Pero a pesar del asombro que el espacio infinito me producía, lo que más me asombraba desde todos los puntos de vista, era el milagro de la vida. ¡Cuánto he pensado sobre este prodigio de la materia! ¿Y qué sentido tenía?

-Conciencia, celebro que practiques con tus neuronas, lo que te hará siempre un gran bien, pero observo que te preguntas muchas cosas y con el tiempo, si no sabes administrar las respuestas, podrás provocar malestar en tu organismo. Yo, por el contrario no me pregunto nada y lo vivo todo tal cual, sin saber si es una fantasía o una realidad, no tiene interés para mi saber sí voy o vengo, tan sólo ejecutar siempre del mismo modo, mis conexiones neurales, y me adapto a la realidad del medio, la vida no necesita justificación, es suficiente por ella misma, vivir es un milagro, per sé, sin necesidad de más explicaciones, no es por el ser, sino por el vivir, como dijera Nietzsche, por tanto vive tu inmortalidad de vivir una vida única e irrepetible, sin recelos ni titubeos, las ataduras provocan debilidad.

Viaja cuanto quieras por el espacio y sueña con tus anhelos, si aspiras a que se conviertan en una realidad, pero no te preguntes el porqué. El porqué te llenará de miedos desconocidos que ahondarán tu ser y necesitarás a Dios y tantas cosas, para sobrevivir sin que las enfermedades te atenacen. Vive tu vida sin aprensión, disfruta del vivir del día a día, sin esperar nada extraordinario, que no sea la propia acción de vivir.

Tus experiencias te proporcionarán tu inteligencia, cada experiencia subjetiva de vida establecerá conexiones neuronales y elicitará en el futuro esas neuronas ya conexionadas. A más conexiones, mayor inteligencia y mayor potencial de inteligencia, lo que te ayudará siempre a conseguir tus deseos. Es lo que hemos llamado inteligencia cerebral.

Después de oír hablar a mi cerebro disentí abiertamente sobre la necesidad o no de preguntar el porqué de las cosas, precisamente esa peculiaridad era la gran diferencia entre mi conciencia y mi cerebro, éste era una especie de máquina de establecimiento de conexiones, como si fuera una gran red de comunicaciones, sin procesar el significado global de los mensajes, simplemente se encargaba de emitirlos utilizando los canales apropiados, mientras que mi conciencia los analizaba, reflexionaba y obraba en consecuencia, considerando conveniente investigar a veces determinados eventos, por razones de eficacia o sólo de supervivencia.

A pesar de estas discrepancias, capté el mensaje positivo de mi cerebro: debía instruir a mi conciencia con los estímulos ambientales más apropiados para conseguir mis fines y sobre todo para alcanzar la felicidad. Lo apropiado, era imaginar siempre vivencias que fuesen placenteras, o que pudiesen ser el vehículo que me ayudase en un futuro a conseguir mis verdaderas aspiraciones.

Hacía tiempo que deseaba una bicicleta, pero nunca me lo cuestioné abiertamente conocedor de las dificultades económicas de mis progenitores, por lo que decidí experimentar con mi cerebro siguiendo sus indicaciones.

Me recluí en mi habitación a una hora tranquila de sobresaltos, y tumbado sobre el colchón, entorné los ojos y empecé a pensar en todo un universo de bicicletas, de todos los colores y formas posibles y en una de ellas, de color azul intenso iba yo pedaleando feliz, sorteando y adelantando a otros ciclistas, por una senda espacial tamizada de color naranja y celeste claro.

Mi cerebro estaba conexionando neuronas por doquier, con aquellas magníficas imágenes llenas de ilusión.

De vez en cuando repetía el experimento y soñaba ir en una hermosa bicicleta que no necesariamente era la misma, y que cambiaba de ruta, forma y de color.

Pronto advertí en mis sueños, escenas vívidas en bicicletas, mías o de otras personas, algunas conocidas y otras que no había visto nunca. Aquello resultaba divertido y a la hora de dormir era un aliciente añadido al descanso merecido de un día intenso.

Pero la cuestión fue a más, en el deambular diario no se me escapaba la visión de ninguna bicicleta cercana, ya fuese en desplazamiento o estacionada. Mis neuronas cerebrales además de dispararse en imágenes oníricas con formas de bicicletas, me llamaban la atención continuamente, ante la sola presencia de algo que pudiese estar relacionado con mi objetivo a conseguir.

Como era de esperar, llegó la ocasión de hacerme con una bicicleta que me ofreció un buen amigo, que no utilizaba la suya y conocía mi interés. Mi cerebro estuvo siempre pendiente de mi aspiración y sin duda allanó mi camino hacia el ansiado trofeo.

Desde entonces, entrenaba mi cerebro con aquellas metas que iban surgiendo en la vida diaria, desde cosas que pudieran parecer nimias, a otras de más relevancia para mi evolución futura de ser humano.

Recuerdo, que a temprana edad me sentía muy a gusto en presencia de una vecina que me atraía fuertemente, desde un punto de vista platónico, pues éramos niños aún, pero para ella no debía de ser importante mi presencia, pues ni siquiera me saludaba o detenía su paso para intercambiar palabra alguna; lo agravaba el hecho de que me producía una gran turbación que me atenazaba ante su sola presencia.

Empecé con el método que me desveló mi cerebro. En la calma del silencio y de la oscuridad de la noche, con mis ojos cerrados, establecí múltiples conexiones neuronales, siempre acerca de mi linda vecina indiferente. En mis fantasías, los días se iluminaban con una luz maravillosa y lucia un sol espléndido y aparecía radiante aquella niña tímida y preciosa. Al verla, sin dudarlo, vencía mi timidez y dirigía mis pasos hacia ella y a la vez que le lanzaba una de mis mejores sonrisas, la saludaba cordialmente. Entonces ella detenía su marcha y con sus mejillas sonrosadas me devolvía la sonrisa y caminábamos juntos en silencio.

De nuevo, en mis sueños nocturnos era frecuente ver aparecer a mi vecina, radiante y alegre con su mirada fija hacia mí, o detenerse al llegar a mi altura e iniciar una conversación muy animada. Mi cerebro fue el primero en satisfacer mis deseos a través de mis sueños, sabedor como era de mi gran interés.

Así, la primera vez que la vi venir por la calle en dirección opuesta, unos 10 días después de haber iniciado mis ejercicios, cambié de acera para coincidir con ella y al cruzarnos, asombrado yo mismo de mi atrevimiento, le pregunté: ¿cómo te llamas?, sorprendida me miró, se detuvo y me dijo fugazmente: me llamo María, y cada uno siguió su marcha, pero mi corazón estaba a punto de estallar y mi emoción no tenía límites.

Fue el principio de una hermosa amistad que perdura aún hoy día.

El método de mi cerebro funcionaba a la perfección, consistía en imaginar que conseguía aquello que deseaba y en más o menos tiempo, se hacía realidad, pues el cerebro siempre me alertaba para observar o dirigir mi conducta en la dirección adecuada, además de avivar mis deseos, al verlos cumplidos en mis sueños nocturnos. Una corriente de optimismo y de emociones positivas dirigió mi conducta futura, lo que me ayudó para alcanzar mis objetivos deseados, fortaleciendo mi resiliencia, llegando al convencimiento de poder superar cualquier obstáculo con éxito a pesar de su dificultad previa para conseguirlo. Era algo así, como un método mágico invencible con el que es posible conquistar todo aquello que uno se propone. No hay imposibles en la mente, siempre podemos imaginar conseguir aquello que deseamos, establecer un estado de ánimo optimista como punto de salida y dejar que nuestro cerebro actúe en consecuencia. No es por supuesto una panacea para solucionar cualquier tipo de problema que se nos pueda presentar, pero sí supone una ayuda adicional para enfrentarnos a situaciones difíciles afrontándolas con más posibilidades de éxito.

Ya que nuestro cerebro es conocedor de nuestros deseos a través de nuestros pensamientos y de nuestras imaginaciones, nos ayudará en la consecución de los mismos, por lo que si nos entrenamos en imaginar que hemos conseguido aquello que nos proponemos, el cerebro nos facilitará el camino para conseguirlo realmente. De igual manera, y sin que seamos conscientes, patrones repetitivos de conductas habituales, crearán en nuestro cerebro un aprendizaje y será capaz en el futuro de predecir sensaciones sin la presencia de los estímulos indicados, o asociará estímulos diferentes condicionados entre sí, aún cuando falte alguno de ellos.

Así, el sujeto que asocia números con colores, después de un aprendizaje continuo y persistente, verá en ocasiones los colores en vez de los números, identificando dichos colores con sus números asociados.

El que desea conseguir algo, al imaginar que lo consigue, disparará un grupo de neuronas que con el aprendizaje continuo se elicitarán por sí mismas, haciendo creer al sujeto, en muchas ocasiones por la vía onírica, que ha conseguido aquello que desea y le facilitará la consecución real de sus metas propuestas.

Se podrían seguir citando numerosos ejemplos, al utilizar la misma técnica, desde adquirir mejor memoria mediante la repetición de ejercicios de memoria, a mayor imaginación repitiendo ejercicios que favorezcan la imaginación, etcétera. La activación continua de conexiones neuronales, facilitará que dichas neuronas estén más activas y se disparen con más probabilidad. Las espinas dendríticas que son excitadas repetidamente, aumentarán de longitud y grosor y serán más estables, como viene comprobándose en investigaciones recientes, facilitando así los impulsos axonales hacia otras neuronas que conforman el circuito y en los casos de engramas de memoria, se facilitará la consolidación de las mismas.

A veces surgen individuos con genialidades perceptivas, normalmente muy específicas, como el británico Daniel Tammet, con sinestesia y que visiona los números por sus colores y formas,y realiza complicadas operaciones aritméticas a una velocidad increíble.

Escribió el libro: "Nacido en un día azul", en el que cuenta las experiencias de su vida y comienza precisamente su capítulo 1, titulándolo: "Nueves azules y palabras rojas", donde explica que nació un miércoles y que para él los miércoles son azules, como el número nueve o el sonido de voces discutiendo, y que resuelve las operaciones aritméticas viendo en su mente el resultado en colores, por lo que solo se encarga de ir enumerando los números según el colorido que va observando.

Lo más interesante, aunque toda su historia lo es, desde un punto de vista neuronal, es que al padecer el síndrome de Asperger, con una timidez excesiva, y con frecuentes crisis de tristeza y ansiedad, Daniel, para defenderse de las mismas, se refugió en su interior cerrando los ojos y contando números; los números eran sus amigos más íntimos y estaban siempre en sus pensamientos, cada uno con personalidad propia, simpático, chillón, grande, pequeño, el 1 blanco brillante, el 5 como un trueno o el sonido de las olas...

Estaba por tanto asociando continuamente los números con colores, formas, movimientos, etcétera, y los grupos de neuronas correspondientes a esos diferentes estímulos se estaban asociando igualmente, por lo que más adelante un determinado color, una forma determinada, sugería en realidad un número aritmético.

El norteamericano Kim Peek, tal vez el más famoso "savant" de la historia, personaje que interpretó Dustin Hoffman en la película "Rain Man", tenía extraordinarias facultades intelectuales, aún cuando tenía una gran discapacidad para realizar tareas elementales como vestirse o desplazarse. Su memoria fue prodigiosa, podía recordar el 98% de unos 9.000 libros que leyó, era además una especie de GPS humano pues conocía de memoria toda la cartografía de EE.UU., aunque era incapaz de interpretar los datos que retenía, curiosamente sin ninguna aptitud musical, al escuchar una canción podía tocarla al piano a continuación y reconocer el nombre de miles de melodías y del compositor de las mismas, con solo escucharla unos segundos.

Al nacer su cerebro carecía de cuerpo calloso lo que le permitía leer dos páginas al mismo tiempo, una con el ojo izquierdo y otra con el derecho, en unos 8 segundos aproximadamente. Comoquiera que el cuerpo calloso es el que sirve de comunicación entre los dos hemisferios cerebrales, su agenesia significó un cerebro dividido funcionalmente en dos cerebros a la vez, es decir una persona con dos cerebros. Si a ello le unimos su adicción a la lectura desde muy pequeño y que disfrutaba con los directorios telefónicos; todo ello podría explicar en cierta manera su gran capacidad de memorización, por su afición constante de lectura y la peculiaridad de que las neuronas de ambos hemisferios no podían conectar entre sí por la carencia de cuerpo calloso, por lo que debido a la plasticidad del cerebro durante la infancia, las conexiones neurales no solo se duplicarían, una por cada cerebro, sino que aprenderían a interactuar de alguna forma, siguiendo recorridos alternativos. Murió de un ataque al corazón con 58 años de edad.

Podríamos seguir citando muchos otros ejemplos, pero lo que verdaderamente me sugirió mi cerebro en mis reflexiones profundas, fue que sin necesidad de formar parte del grupo de savants o de supergenios intelectuales, los sujetos normales también podrán conseguir sus objetivos más básicos e incluso más ambiciosos, o el de superar trastornos de conducta, utilizando técnicas similares a las enunciadas, debido al condicionamiento de conexiones neurales entre sí, lo que supone una gran herramienta de autoayuda en el quehacer de la vida diaria.

En el fenómeno conocido como la "ilusión de los espeleólogos", éstos afirman ver perfectamente sus manos en la oscuridad absoluta, y si asociáramos números con colores al realizar operaciones aritméticas, podríamos visualizar el resultado en colores, u otras combinaciones posibles entre asociaciones de estímulos varios.

En todos los casos el fundamento es el mismo y tiene en común la repetición de patrones de conducta, con idéntico resultado en todos los seres humanos, al igual, que la manifestación de síntomas varios, implican la mayor parte de las veces el mismo padecimiento.

El cerebro está continuamente recibiendo, a través de enlaces neuronales el estímulo visual del movimiento de las manos, y de otras asociaciones de neuronas, las sensaciones de la elicitación de los músculos correspondientes que mueven dichas manos. Ello crea un condicionamiento a nivel neuronal en el caso de patrones de conductas repetitivas, de tal forma que al dispararse unas neuronas, por una estimulación adecuada, llevará consigo la descarga inmediata de las neuronas asociadas.

Todos los humanos mueven sus manos continuamente, la mayor parte de las veces asociando el movimiento a la visión directa de las mismas, con lo que se crea un aprendizaje que produce, que se condicione la descarga de un grupo de neuronas, las responsables del movimiento, con la descarga inmediata de otro grupo de neuronas, las responsables de captar los estímulos visuales. Los enlaces neuronales encargados de realizar engramas de memoria, en este caso, elicitarán la visión de los estímulos visuales cuando el sujeto se encuentre dormido o ensoñando, o predecirán lo que está ocurriendo, aún cuando los estímulos indicados, en este supuesto los visuales de mover las manos, por diversos motivos se interrumpan por la oscuridad, falta de atención, interposición de otros objetos...

El espeleólogo mueve sus manos en la lobreguez de la profundidad de una sima, debido a una serie de neuronas que lo hacen posible y que disparan a su vez, las neuronas que reciben los estímulos visuales asociados con el movimiento de las manos. El espeleólogo verá ciertamente sus manos en las tinieblas, porque el cerebro predice lo que está ocurriendo.

Ejercicio para aumentar nuestra capacidad de memorizar

Si lo que deseamos es mejorar nuestra memoria, debemos crear un condicionamiento a nivel neuronal similar al de los patrones de conductas repetitivas, asociando el estímulo que queremos memorizar, con otro estímulo previamente establecido de forma permanente, para que al dispararse las neuronas de éste estímulo aprendido, se produzca la descarga inmediata de las neuronas asociadas, que nos permitan recordar aquello que pretendemos recordar. Por supuesto, cuántas más veces repitamos la asociación, más estable estará su espina dendrítica, su unidad de memoria correspondiente.

Antes de iniciar nuestro ejercicio de memorización, debemos asegurarnos de que nadie nos pueda molestar y buscar un lugar con un ambiente de tranquilidad propicio, sin grandes ruidos ni posibles sobresaltos.

Nos sentaremos en un sillón confortable pero que nos mantenga la espalda recta, o nos tumbaremos sobre alguna superficie cálida, alfombra, manta, etcétera; tanto sentados como tumbados no cruzaremos las piernas, las que mantendremos paralelas entre sí y las manos suavemente apoyadas, cada una, sobre cada pierna respectiva. Iniciaremos unas respiraciones suaves, concentrados en la entrada y salida de aire en nuestros pulmones, cerraremos los ojos y empezaremos el ejercicio imaginando los nueve primeros números naturales y el número cero, como si fuesen letras que debemos asociar de manera permanente con objetos fáciles de recordar.

Empezaremos por el número 1 y lo identificaremos por su similitud con la letra T, y para darle un significado le añadiremos una vocal, que en este supuesto podría ser la e, una taza de té, con color, alguna forma especial, con un olor característico, movimiento, etcétera, conforme más atributos le asignemos, más fácil será conseguir la asociación de estímulos.

Una taza de té, amarilla fosforita, espigada y humeante, la imaginaremos para siempre como nuestro número 1 y deberemos imaginar repetidamente esta peculiar taza de té con el número 1, hasta crear un patrón repetitivo, de forma, que de manera inconsciente al pensar en el número 1 surja la taza de té o viceversa.

Igual procedimiento deberemos hacer con el número 2, que podremos identificar con una N, puesto que si giramos esta letra 90º a la derecha la N se asemejará bastante a dicho número, y le añadiremos dos vocales la o y la e, formando la palabra Noé, un viejecito simpático vestido con una túnica roja, subido a un arca gigantesca llena de animales de todas clases, creando un patrón repetitivo entre el número 2 y nuestro típico Noé, hasta conseguir que al pensar en el número 2 surja Noé o viceversa.

El 3 lo podremos identificar con una M, puesto que si giramos esta letra 90º a la derecha se asemejará bastante a dicho número, y le añadiremos las vocales a, o, intercaladas por una y, asimilando esta consonante a una pseudovocal, resultando la palabra mayo, el mes de las flores, el mes de mayo, un campo verde lleno de amapolas rojas con un cielo azul intenso, creando un patrón repetitivo entre el número 3 y el mes de mayo, hasta conseguir que al pensar en el número 3 surja el campo verde lleno de amapolas o viceversa.

Y así seguiremos asociando sucesivamente, números con letras y objetos, procurando que los resultados obtenidos tengan un fácil significado. El 4 con una R: un rayo que cae en forma de culebrina en medio de un gran resplandor; el 5 con una L: la palabra ley simbolizada con una balanza de la justicia; el 6 con una J: una joya simbolizada en un anillo de bodas; el 7 con una G: el pintor Goya con una paleta llena de mezclas de pintura en una mano y un grueso pincel en la otra; el 8 con una F: la palabra fe simbolizada en un gran ojo divino que todo lo observa; el 9 con una P: un pie mitad blanco y mitad negro y por último el 10 con una T del número 1 y una S o una Z, para el número 0, la que mejor nos convenga, en este caso tíos, unos tíos carnales nuestros.

Habrá que repetir estas diez asociaciones el número de veces suficiente, hasta que de manera natural surjan sin más, el número que sea y su correspondiente significado o viceversa.

Luego empezaremos a formar cifras con dos números, empleando las letras correspondientes que definan a dichos números, así el 12 sería una Tina, la palabra más sencilla de formar con una T, que representa al número 1 y la N que representa al número 2, (una tina naranja llena de agua azulada despidiendo un vapor agradable), empleando solo vocales con ambas consonantes, al formar la palabra que tenga significado, aunque con alguna excepción en aquellos supuestos de difícil configuración. El 54 sería un Loro, de componer con la L que representa al número

5 y la R que identifica al número 4, (un loro amazónico de color verde). El 99 sería Papá, y así sucesivamente. Lo importante es que los números que utilicemos sean siempre los mismos de cara al futuro y conforme más patrón repetitivo realicemos, mejores conexiones neurales asociadas se consolidarán, constituyendo una especie de patrimonio individual permanente.

Con un buen entrenamiento de todo lo expuesto anteriormente, cuando queramos recordar algo en especial, el texto de un libro, nombre de una persona, un objeto, una teoría determinada, etcétera, sólo debemos situarlo junto al número escogido del conjunto de números previamente establecidos, y luego para recordarlo, bastará con visualizar mentalmente nuestro número escogido y veremos a su lado aquello que deseamos recordar.

He asistido a seminarios y reuniones donde se han realizado demostraciones de memoria que han seguido este procedimiento o algún otro muy similar, y donde el conferenciante ha interrumpido su charla para hacer in situ una prueba delante de todo el auditorio. Un voluntario ha escrito en una página los cien primeros números, del 1 al 100 correlativamente y a continuación, después de cada número fue añadiendo a su lado, el objeto, el tema, la reflexión, que de modo espontáneo fueron señalando diferentes asistentes al evento.

Una vez conclusa la lista, el conferenciante de espaldas al público, fue enumerando lo que había asociado en cada número, según se le fue requiriendo aleatoriamente o dijo en qué número se encontraba el objeto propuesto por alguno de los asistentes.

Por ejemplo, si con el numero 3, un oyente había propuesto la Via Láctea al conferenciante, al ser requerido éste posteriormente para que manifestase qué había asociado con el número 3, sólo tenía que visualizar el mes de mayo, un campo verde lleno de amapolas rojas con un cielo azul intenso y comprobar que había dentro del mismo, y se encontraría con la Via Láctea, que estaría en este supuesto ejerciendo un gran contraste dentro de la imagen global, ya que previamente, al ir asociando los 100 primeros números, al llegar al número 3, tuvo que introducir dentro del mes de mayo la figura estelar.

El resultado es espectacular y da la sensación de estar contemplando a un savant de la memoria, la realidad es que cualquiera de ustedes podría hacerlo, bien es verdad que cien son muchos números, pero no por la dificultad sino por el tiempo que lleva ejecutar el ejercicio. Aconsejo más bien realizarlo con algún grupo de amigos, utilizando sólo los 10 primeros números o como mucho unos 20. El efecto será asimismo asombroso y le agradecerán la brevedad de la demostración.

Aunque pueda parecer poco creíble, si previamente hemos hecho nuestros patrones correspondientes de los 10 primeros números, siempre que realicemos el ejercicio, solamente deberemos asociar con nuestros números, aquello que tengamos que memorizar, por lo que después, sólo tendremos que visionar, por ejemplo la T, una taza de té, que representa el número 1 y ver quién o qué es lo que se encuentra a su lado. También funcionará a la inversa, es decir, si visionamos el estímulo que queríamos recordar y que hemos asociado, nos inducirá, en este supuesto a la T, la taza de té y por tanto al número 1.

Es importante remarcar que siempre será más fácil recordar un objeto, acontecimiento, si lo imaginamos con muchos detalles, porque estaremos condicionando muchos estímulos a la vez y será más fácil recuperar el recuerdo.

De igual manera, si memorizamos con imágenes será más fácil recuperar el recuerdo que si lo memorizamos por conceptos abstractos. Supongamos un estudiante que tiene que aprender una clase de historia, pues bien, en vez de leer de corrido el texto del libro, asociando el significado de las palabras, deberá, según vaya leyendo, visionar su lectura como si estuviese ocurriendo realmente o como si estuviese contemplando en una proyección cinematográfica, el tema de que se trate.

Este procedimiento lo utilicé en múltiples ocasiones en mis exámenes para adquirir la licenciatura de Psicología y voy a citar como ejemplo, precisamente el condicionamiento que hemos mencionado al relatar "la ilusión de los espeleólogos", las asociaciones neuronales de la visión de los movimientos de las manos, se asocian con las asociaciones neuronales que elicitan los músculos que hacen posible que se muevan las manos, motivo por el que al mover las manos en la oscuridad, las neuronas asociadas encargadas de percibir los estímulos visuales, se disparan creando la ilusión a nuestro cerebro, de que realmente visionamos nuestras manos en movimiento.

Este condicionamiento, se llama condicionamiento clásico y es uno de los más importantes métodos de aprendizaje de los seres vivos. Fue postulado por Iván Petrovich Pavlov, fisiólogo ruso, premio Nobel en 1904 por su investigación sobre las glándulas digestivas. Observó que los perros que utilizaba en sus experimentos, para medir la cantidad de salivación y de secreciones gástricas en presencia de comida, salivaban cuando él entraba en la habitación antes de darles ningún alimento. Llamó a este proceso, "secreciones psíquicas" y lo relacionó con el hecho de que los perros identificaban su presencia con el alimento, al haber asociado a lo largo de los días su figura con el propio alimento.

Desde el punto de vista neuronal, las asociaciones de neuronas que percibían a Pavlov, lo asociaban con las neuronas que percibían la comida y con las que olían el alimento, neuronas que a su vez elicitaban las secreciones gástricas y las glándulas salivares, para preparar la digestión de la comida.

Al repetirse el patrón de conducta, "Pavlov junto al alimento", llegó un momento que asimismo la persona de Pavlov se condicionó con el alimento y con las respuestas digestivas correspondientes de los perros. Estos identificaban a Pavlov con la comida, a nivel neuronal.

Pues bien, para memorizar para siempre este condicionamiento clásico, le asigné el número 1, la taza de té, amarilla fosforita, espigada y humeante y puse a su lado a un viejecito vestido de azul, con barba canosa, que llevaba una camisa blanca con el nombre impreso de "PAVLOV" y que se tomaba su té a la vez que daba de comer a un perro dogo gigantesco, que escupía profusamente.

Nunca olvidé el fundamento del condicionamiento clásico, también llamado pavloviano o condicionamiento respondiente, al ser condicionado un estímulo, en este caso Pavlov, un estímulo neutro, con el estímulo incondicionado, la comida, y que provoca la respuesta innata de la salivación. Pavlov se había convertido en lo que se llamó un estímulo condicionado, que producía el mismo tipo de respuesta que el incondicionado, aún cuando no figurara en la dieta de los perros.

Aristóteles en la antigüedad lo llamó ley de contigüidad: "Cuando dos hechos ocurren a la vez, la aparición de uno traerá el otro a la mente". Por supuesto que conceptualmente, la explicación aristotélica difiere radicalmente de la dada por Pavlov que en ningún momento hizo referencia a la "mente" y que más bien que un principio de contigüidad, interpretó una relación de dependencia entre estímulos.

No obstante, desde el punto de vista neuronal, Aristóteles fue un visionario en cierto modo al identificar la expresión del cerebro con la "mente". Cuando se repite un patrón de conducta que lleva consigo un condicionamiento de dos o más enlaces neuronales entre sí, la sola presencia de una de las asociaciones neuronales traerá consigo la aparición de las otras asociaciones.

Para otros temas que pudieran ser objeto de un examen, podríamos hacer lo mismo que para el condicionamiento clásico de Pavlov. Siguiendo con el aprendizaje, al condicionamiento vicario u observacional, le podemos asignar el número 2, ese viejecito simpático vestido con una túnica roja, subido a un arca gigantesca llena de animales de todas clases, Noé, que está sentado frente a una televisión en color que esté emitiendo un programa de enseñanza visual de cómo se hacen determinadas cosas, que nos evoque precisamente el condicionamiento por observación, o si queremos utilizar un ejemplo más intenso, que el programa que se esté emitiendo por la televisión, se refiera a una persona que ha quedado encerrada en un ascensor y cuando la hayan conseguido rescatar al cabo de unas tres horas, salga de su encierro con un fuerte ataque de ansiedad, que nos transmitirá a distancia con sus rastros visibles de pánico en su cara, lo que nos podría provocar una fobia personal al subir en un ascensor. De esta manera, nos habríamos condicionado sin vivir el suceso directamente, sólo observando los efectos que dicho suceso originó en otra persona.

Muchas fobias y obsesiones se adquieren en salas de cine o en programas de televisión, al vivir la angustia y desesperación de los protagonistas de la película o del programa correspondiente. La fobia a volar en un avión vendrá muchas veces determinada de esta manera, por las vicisitudes de un vuelo filmado que acabe en tragedia.

Es verdad que es un aprendizaje fantástico para aprender en nuestro desarrollo personal, pues siempre estaremos adquiriendo conocimiento observando programas didácticos al efecto, pero también es verdad que es una escuela potencial de criminalidad y de poder padecer trastornos de conducta, en función de aquello que contemplemos con más asiduidad. Lamentablemente, los programas violentos suelen ser los preferidos en las series y películas de hoy día, lo que está generando una sociedad más violenta, auspiciada además por la facilidad de comunicación existente a través de las redes sociales, tan extendidas en todos los niveles.

Al condicionamiento operante o condicionamiento instrumental, en el que la conducta sirve de instrumento para conseguir un fin, o dicho de otra forma, en el que la conducta que conlleva consecuencias positivas tiene más probabilidades de repetirse, al contrario de las que conllevan consecuencias negativas, le asignamos el número 3, un campo verde lleno de amapolas rojas con un cielo azul intenso y una paloma en el centro que se mueve haciendo círculos hacia su izquierda, porque cada vez que hace amago de ir a la izquierda le soltaremos unos granos de trigo, por lo que su conducta se dirigirá siempre en el mismo sentido, haciendo círculos exclusivamente hacia la izquierda.

Siguiendo con el ejemplo, si en el examen de aprendizaje nos tocase el condicionamiento clásico, visionaríamos el número 1 donde se encontrará Pavlov; si saliese el condicionamiento operante, visualizaríamos el número 3 donde se encontrará la paloma girando hacia la izquierda, y si por último tuviésemos que responder al aprendizaje vicario, como lo habremos almacenado en el número 2, veríamos que Noé se encuentra sentado frente a una televisión. Lo bueno de este sistema, es que lo que se aprende con este procedimiento no se suele olvidar nunca.

Con sucesivo entrenamiento y este método u otro similar, mejorará nuestra capacidad de memoria en poco tiempo y nuestro rendimiento en exámenes, oposiciones, entrevistas de trabajo, etcétera.

Utilizando la imaginación para conseguir objetivos y superar trastornos de conducta

Si lo que deseamos es mejorar nuestra imaginación, para utilizar su gran poder en nuestro beneficio, a la hora de conseguir metas que nos vayamos planteando alcanzar, como hemos analizado en un capítulo anterior, empezaremos con ejercicios muy sencillos, que iremos complicando gradualmente, sobre todo en la extensión del campo de la imaginación, procurando al igual que hicimos con el ejercicio de la memoria, de encontrarnos cómodos y en un lugar donde nadie nos pueda molestar mientras estemos practicando, con un ritual parecido al descrito anteriormente.

Para empezar imaginaremos cosas sencillas y de breve reflexión, como pueden ser: imaginar la forma de un balón de futbol, otro de baloncesto y otro de rugby, sucesivamente. Imaginar la diferencia de tamaño entre un limón y una sandía, etcétera. Más adelante comenzaremos a imaginar cosas más elaboradas y extensas, como podría ser imaginar que visitamos la casa de nuestros padres, la casa donde fuimos adolescente o simplemente la casa donde vivimos ahora. Empezaremos por el portal de la calle, transitaremos por las escaleras o subiremos en el ascensor; al llegar a la puerta principal, penetraremos en la casa y recorreremos las diferentes habitaciones y nos fijaremos hasta en los más pequeños detalles, algún cuadro, un reloj, incluso podrá ocurrir que en nuestra imaginación nos crucemos con algún habitante de la vivienda; asimismo captaremos el olor que desprenda cada habitación, sentiremos el tacto de las paredes al imaginar que las estamos tocando con los dedos, etcétera.

Otro ejercicio es imaginar que viajamos en el metro, en un tren, en un avión o en un autobús o en cualquier otro medio de transporte y visionaremos las personas que nos rodean, percibiremos el olor que desprende aquel entorno y también su textura, mediremos la dureza del material con que está hecho el medio de transporte, su porosidad, si es liso, etcétera.

Más tarde, empezaremos con materias más abstractas o con imágenes más extrañas, imposibles de realizar por sí, pero posibles de cara a la imaginación, ya que no hay ningún límite para ello; podemos imaginar cualquier cosa, desde imaginar cómo se puede sentir uno dentro de una tubería a estar dentro de otro ser humano y recorrer sus órganos interiores o dentro de cualquier animal no humano, dentro de las raíces de un árbol centenario, o de una pulga, o en el planeta que hubiéramos querido visitar, en un agujero negro, en el centro del Sol o en el centro de la Tierra. Nada es imposible para la imaginación.

En realidad, lo que estamos haciendo es movilizar a todas las neuronas relacionadas con la imaginación y a través de la práctica, no solo se dispararán con frecuencia en circunstancias reales en que divaguemos, imaginemos o pensemos en determinadas cosas, sino que también se dispararán mientras durmamos y nos proporcionarán sueños increíbles llenos de colorido y de imágenes.

Cuando me he dedicado más intensamente a este tipo de ejercicios, mis sueños preponderantes han sido desfiles de rostros de personas de todas las etnias y países del mundo, con gran detalle y colorido.

Y si lo que hacemos es imaginar que conseguimos una meta deseada, nuestras neuronas se pondrán en acción y nos proporcionarán la más mínima pista para que se convierta nuestro anhelo en una realidad.

Si queremos comprar un coche de una marca y un modelo determinado, imaginaremos que lo vamos conduciendo, fijándonos en su tapicería, el cuadro de conducción, su olor, etcétera.

Mi cerebro hará que me fije en ese modelo de coche cuando me cruce con él, cuando vea algún spot publicitario sobre el mismo, qué posibilidades de financiación podría conseguir, etcétera.

Efectivamente, bastará que un grupo de neuronas se active con referencia a nuestra imagen, para que ello produzca un efecto asociativo con otras muchas neuronas que previamente habrán sido condicionadas con nuestros ejercicios de imaginación, gracias a la plasticidad cerebral.

Este método es muy eficaz en terapias de sujetos con trastornos diversos de conducta, sobre todo trastornos molestos para el sujeto, por su efectos nocivos de por sí, como pueden ser los tics nerviosos, las rumiaciones, obsesiones, somatizaciones, etcétera.

Como es lógico, no se trata de una panacea y hay que tener paciencia y mucha constancia para contrarrestar las asociaciones neuronales que se producen y que no son deseadas por el paciente y que posiblemente están arraigadas desde mucho tiempo anterior, por lo que no será fácil romper las asociaciones indeseadas.

En mi despacho de psicólogo, uno de los cuadros que ocupaban un sitio preferente, era precisamente una leyenda impresa con una caligrafía ornamental y con colores llamativos: "Con paciencia y constancia siempre se alcanzan las cumbres." Con ello quería transmitir a los pacientes, hasta subliminalmente, este mensaje tan importante para que triunfe una terapia conductual y cognitiva. Cuántos fracasos deben su explicación, a esta falta de motivación para cambiar hábitos impropios, o patrones de conducta perjudiciales para nuestra salud y calidad de vida.

La mayor parte de las veces, estos trastornos irán ligados a una percepción de estrés muy acusado, por parte de quien los padece, es por ello, que en primer lugar deberíamos realizar ejercicios de anti-estrés, como pueden ser sesiones combinadas de yoga, respiración, relajación, meditación, etcétera. También es conveniente realizar ejercicios moderados de activación física, como puede ser caminar durante una hora a un ritmo adecuado. Todo ello inducirá a nuestro cerebro a establecer unas conexiones neurales, que son incompatibles con las conexiones que provocan el estrés, con lo que éste se irá reduciendo paulatinamente.

Al mismo tiempo imaginaremos haber superado nuestro problema con la misma metodología utilizada para imaginar aquello que querríamos alcanzar, expuesto anteriormente, es decir, imaginaremos realizar nuestras actividades diarias, sin ningún tic que nos perjudique o moleste, ninguna obsesión, etcétera.

Nos veremos a nosotros mismos superando nuestro problema, nuestro cerebro recibirá la orden de paliar y eliminar las conexiones nocivas y que están además muy afirmadas por patrones muy repetitivos.

Por último, haremos ejercicios frecuentes de conductas incompatibles con el trastorno que nos afecta. De esta forma estaremos estableciendo conexiones neurales contrapuestas al problema indeseado y con la frecuencia del ejercicio diario, se acabarán imponiendo a las conexiones que nos son nocivas.

El anti-estrés, la imaginación de haberlo superado y los ejercicios incompatibles, suelen ser en conjunto, una herramienta muy poderosa para acabar con el problema y una vez extinguido éste, seguiremos con la terapia hasta que el tiempo se encargue de consolidar la conducta adecuada. Nuestras nuevas conexiones neurales se harán habituales y al ser incompatibles con las antiguas, acabarán por eliminarlas de nuestro repertorio de conducta.

La consolidación de la conducta deseada es uno de los factores más importantes para considerar erradicada de manera eficaz la conducta nociva y no debemos desesperar, al contrario, tener la paciencia suficiente para no dejar la terapia apresuradamente ante los primeros éxitos, porque podemos revertir la situación y nos costará más trabajo empezar de nuevo con la terapia señalada. La inmensa mayoría de los tics, rumiaciones, obsesiones, etcétera, pueden ser que lleven años asociados negativamente a nuestra conducta diaria, por lo que de la noche a la mañana no vamos a conseguir su inhibición y sustitución por estímulos favorables, pero lo que sí he observado, como terapeuta, que la mejoría se produce de forma temprana y a veces hasta de manera espectacular, pero, eso sí, luego no hay que considerar que ya todo el campo está ganado, habrá que seguir en la brecha hasta que con el tiempo se elimine el trastorno conductual totalmente.

Dentro de este campo, lo que he utilizado como psicólogo clínico con resultados muy alentadores, es la técnica del Tratak, Trataka, del sánscrito y que significa "contemplar", mirar fijamente un objeto como la llama de una vela, para fortalecer la visión, desarrollar la concentración, despertar la glándula pineal, el tercer ojo, y que sirve eficazmente para conseguir eliminar tics nerviosos de parpadeo de ojos, párpados e incluso tics de todo tipo, pensamientos obsesivos, rumiaciones etcétera.

Al igual que la llama de una vela, se pueden utilizar diversos objetos o puntos de atención, una flor, un color, una bola de cristal, una luz tenue, incluso mirar fijamente el propio entrecejo a través de un espejo, etcétera, aunque siempre he preferido observar la llama de una vela.

Deberá uno sentarse cómodamente en una habitación en penumbra, frente a una vela encendida a la altura del entrecejo, a una distancia de unos 50 centímetros e iniciar a continuación una respiración sosegada hasta que percibamos que nuestro cuerpo se encuentra relajado; en ese momento fijaremos la mirada en el punto más brillante de la llama de la vela, concentrándonos en esa oscilación más intensa de la luz, hasta que nuestros ojos se humedezcan por el cansancio, por lo que cerraremos los mismos y fijaremos nuestra atención interna en el entrecejo, nuestro tercer ojo, donde aparecerá la imagen de la llama impresa en nuestra retina, que observaremos detenidamente hasta que se desvanezca. Es durante esta fase cuando asociaremos un pensamiento positivo con la imagen remanente, tal como pudiera ser: "No parpadearé más," "no me obsesionaré más con determinado pensamiento," "conseguiré aquello que deseo," etcétera.

En realidad lo que estamos haciendo es alcanzar un estado de relajación más o menos profundo, siguiendo esta milenaria técnica de meditación y asociarlo a través de redes neuronales con un pensamiento de aquello que aspiramos conseguir, estableciendo de esta forma un engrama de conexiones neurales que se irá consolidando y nos ayudará finalmente a que nuestros propósitos se materialicen.

Tal vez sea aún más eficaz para un molesto tic de parpadeo continuo de ojos, visionar directamente nuestro propio entrecejo a través de un espejo, procurando controlar lo máximo posible el fastidioso gesto y en ese momento cerraremos los ojos siguiendo con la concentración en nuestro tercer ojo, a la vez que repetiremos nuestro mantra específico: "no pestañearé más" durante unos diez segundos, abriendo de nuevo los ojos y realizando el mismo ejercicio sucesivamente durante media hora, al menos, cada día.

El mismo procedimiento podemos aplicarlo para las obsesiones, conscientemente, las rechazamos el tiempo que sea posible, mirando nuestro entrecejo a través del espejo, cerraremos nuestros ojos y repetiremos durante diez segundos el mantra de "no tendré más obsesiones", o "no tendré más tal obsesión" (el pensamiento molesto que queremos desterrar), procurando estar lo más relajados posibles. Y vuelta a empezar.

La técnica del Tratak, como ya hemos mencionado se puede hacer mirando la luz de una vela, una bola de cristal, etcétera y si en el supuesto de los tics de ojos y las obsesiones aconsejo el empleo de un espejo, es por los resultados tan sorprendentes que han logrado muchos de mis clientes. Bien es verdad, que sin menospreciar otros objetos, como la llama de la vela y tal vez, lo más indicado es que cada uno escoja su objetivo de atención, que incluso puede llegar a ser contemplar fijamente un bello paisaje de montaña o de una extensa campiña o las olas del mar acariciando la orilla, sentados a ser posible con las piernas entrecruzadas, la asana yóguica conocida como "postura del loto", para seguir a continuación cerrando los ojos y repetir el mantra que corresponda.

El Sungazing, la inedia y la energía solar

Hay una técnica más agresiva que el Tratak, que tiene una finalidad diferente y que se conoce como sungazing, que consiste en mirar el sol al amanecer o al anochecer de forma paulatina, comenzando por 10 segundos de observación directa cada día, hasta llegar a conseguir 45 minutos de contemplación en nueve meses, con la creencia de conseguir curar el cuerpo, la mente y el espíritu. La curación solar se basa en que al observar el sol, el cuerpo recibe la energía solar necesaria para conseguir curar todo tipo de enfermedades, al convertirse dicha energía solar en energía vital.

Creo que es una técnica muy arriesgada que si se utiliza mal, puede producir, retinopatía, ceguera temporal y hasta ceguera permanente, aún cuando hay opiniones controvertidas, como es el caso del profesor universitario estadounidense Andrew Young, quién manifiesta que no tiene forzosamente que dañar a los ojos el mirar al sol directamente, a no ser prolongadamente cuando está en su cenit, o en eclipses solares, o sean personas de pupilas dilatadas o padezcan algún tipo específico de enfermedad ocular.

Hay que reseñar que uno de los mitos más populares de recibir el sol directamente sobre el cuerpo, acrecentado con la publicidad de varios documentales sobre el tema, se refiere a la posibilidad de vivir con la energía solar recibida sin necesidad de ingerir ningún otro tipo de alimento. El hecho en sí no tiene rigor científico alguno, y nunca se ha podido demostrar que ello fuese posible, porque o no han dejado controlar las condiciones necesarias para observar el experimento in situ, o porque las publicaciones habidas han sido realizadas sin ningún tipo de control.

La inedia del latín in (no) y edo (comer), "no comer", también conocida como respiracionismo, consiste en el ayuno absoluto por un tiempo muy superior al que puede resistir el ser humano, y se refieren generalmente, a que la energía que reciben del sol es suficiente para la alimentación requerida cada día.

El documental "Eat the Sun" (Comer el Sol), trata sobre la capacidad que tiene el sol para nutrir con sus radiaciones al ser humano. Es cierto que parte de la energía de los fotones solares que inciden sobre el cuerpo humano, es absorbida y transformada en masa, pero a unas cantidades minúsculas que nunca podrían sustituir la alimentación necesaria para sobrevivir, por lo que considerar de ahí, a que se puede vivir eternamente en abstinencia por la incidencia de la luz solar, hay un abismo infranqueable. En el documental, el protagonista es un joven practicante de sungazing y se analizan diferentes casos relacionados con la dieta de los fotones.

Uno de los más llamativos, es el del ingeniero indio Hira Ratan Manek, que manifestó haber estado un año entero sin comer alimentándose tan solo de la luz proveniente del sol, y que se vanagloriaba de que su experimento había tenido el rigor científico preciso, pero que fue sorprendido varias veces ingiriendo alimentos sólidos. Creo que fue suficiente para desvirtuar cualquier investigación sólida, más bien parecía obedecer a un montaje con otros fines diferentes que el de analizar si verdaderamente se puede vivir tan sólo con la energía solar.

Hay otro documental interesante sobre el tema, sobre todo por su título: "Vivir de la luz", pero al igual que el documental anterior, solo se trata de más especulaciones sin demostraciones de ningún tipo, pues nunca los protagonistas han aceptado probarlo bajo condiciones controladas y más tarde o más temprano se han descubierto las manipulaciones fraudulentas para engañar a sus seguidores y poder captar a los escépticos.

Así es llamativo el caso de la australiana Ellen Greve, más conocida por Jasmuheen, que predica una insólita estafa permanente y que a pesar de todo sigue vendiendo sus libros y dando conferencias por todo el mundo, arropada por miles de seguidores que tienen fe ciega en sus aseveraciones. Jasmuheen entre otras muchas pintorescas afirmaciones, defiende el aerivorismo, el "alimento pránico", praná viene del sánscrito y significa "aire inspirado" "la fuerza vital de la vida" y según Jasmuheen se puede vivir sin ingerir alimentos o líquidos de ninguna clase, aunque cuando se ha intentado con programas televisivos seguir alguno de sus ayunos absolutos, han tenido que ser suspendidos ante el acelerado deterioro de sus constantes vitales. Su explicación ante ello es que el aire estaba contaminado. Cuando se la sorprende ingiriendo algo, manifiesta que está comiendo chocolate, pasteles de queso o alguna golosina porque se siente aburrida y quiere un poco de sabor, al igual que cuando toma té o un vaso de agua.

Desgraciadamente muchas personas muy crédulas siguen estas doctrinas y las ponen en práctica con fatales consecuencias, llegando hasta provocar su propia muerte, habiéndose documentado varios casos, como el de una mujer suiza de 50 años que falleció en abril del año 2012 al alimentarse sólo de los rayos del sol. Esta desafortunada mujer vio el documental "Am Anfang war das Licht" (Al principio fue la luz) del director austríaco Peter-Arthur Straubinger, donde se comentan varios casos de respiracionismo como el del yogui hindú Prahlad Jahni , también conocido como Mataji, quién manifiesta vivir del sungazing hace más de 70 años y el químico alemán Michael Werner hace más de 10 años.

La mujer suiza, según sus hijos, siguió el protocolo indicado por Jasmusheen, primero para prepararse para recibir el prana, durante tres semanas, la cuarta bebió agua y luego continuó con su dieta espiritual hasta que murió, la autopsia certificó su muerte por inanición. Ha habido otros casos similares en diferentes partes del mundo y seguirá habiéndolos lamentablemente, de adeptos que siguen fielmente pseudociencias que al final resultan letales.

Prahlad Jahni, fue sometido a pruebas científicas por médicos de su religión sin permitir la participación de observadores independientes, y el Ministerio de Defensa de su país manifestó que superó una prueba de control, pero nunca fueron publicados los resultados ni los parámetros aplicados.

El caso del químico alemán Micharl Werner, fue un claro ejemplo de marketing con los ingredientes necesarios; un periódico sensacionalista británico, The Sun, le hizo una entrevista con el titular "The man who hasn't eaten since 2001" (El hombre que no ha comido nada desde 2001) publicado el 27 de junio de 2007 y en septiembre de 2007 Michael publicó un libro "Life from Light" (Vivir de la Luz), con lo que la venta del libro estaba prácticamente asegurada. Poca importancia adquiere analizar lo que en dicho libro se recoge, pero sí resaltar que Michael admitió que ingería una dieta consistente en dos zumos de frutas, más de alguna copa de vino y buenas dosis de café.

Podríamos seguir citando numerosos ejemplos, como el de la ucraniana Valeryevna Lukyanova, la "Barbie humana", que asímisma se considera una guía espiritual capaz de viajar en el tiempo y que vive sólo gracias al aire y la luz del sol, seguidora del "breatharianismo", secta que defiende vivir de la energía microcósmica.

La alemana Teresa Neumann, declarada sierva de Dios por la Iglesia católica, vivió durante 40 años sin comer ni beber, sólo con la Eucaristía, este hecho ha sido declarado por su Iglesia como un milagro y está en proceso de beatificación, y como todo lo considerado milagroso requiere un acto interior de fe por parte del creyente, muy alejado por consiguiente de los postulados científicos.

En realidad el sungazing es una variedad de lo que se conoce como helioterapia.

La helioterapia está dirigida expresamente a la exposición del sol con fines puramente terapéuticos, para la que debemos observar una serie de normas obligadas como son: evitar las horas con mayor intensidad solar, aprovechando las horas del amanecer y del anochecer, comenzando la exposición de manera progresiva, no debemos sentir sensación de cansancio y proteger bien nuestra cabeza y los ojos. En general la luz solar nos aporta energía con su bombardeo continuo de fotones de diferentes longitudes de onda, y nos estimula el sistema inmune.

La luz solar es uno de los agentes más purificadores de la naturaleza, acabando con todas las plagas e infecciones posibles, en exposiciones prolongadas, pero asimismo causa graves quemaduras, deshidratación y golpes de calor que pueden llegar a ser mortales.

Los beneficios de la luz solar son incalculables, pero vivimos cada vez más en una gran pluriculturalidad de grandes desigualdades económicas, lo que implica que los valores culturales sean muy cambiantes y haya en determinadas esferas sociales, una expectación especial a encontrar las soluciones que aquejan a sus problemas entrando de lleno en teorías revestidas de misticismo, y así conseguir sus metas prácticamente inaccesibles.

Es como volver a los cuentos de hadas de la niñez, en la que un príncipe encantador liberará a la cenicienta de turno. Cuántas personas integran sectas o grupos con falsas esperanzas y lo que es peor, están dispuestos a creer con los ojos cerrados, cualquier cosa por muy alejada que esté de la realidad. Es preferible creer en la magia por absurda que ésta pueda ser y seguir a falsos profetas.

La historia de la humanidad está llena de falsos profetas que no vienen ni vendrán nunca, mientras sus seguidores consumen sus vidas esperando el milagro, pero ni el príncipe encantador llegará, ni debemos esperar otra cosa de la vida que disfrutar de la dicha de vivir, como mejor podamos hacerlo mientras dure, porque el milagro en sí es la propia vida y cómo no, ésta empezó con el milagro de la luz, pero no todo es luz, ni todo es espiritualidad.

¿Qué sentido puede tener vivir alimentándose sólo de la luz solar o dedicar nuestra vida al astro rey, para alcanzar cotas elevadas de misticismo?; vivir del sol hasta lo que conocemos hoy día es una entelequia, en cuanto a la meditación solar, puede considerarse una modalidad de tratak, por lo que puede ser una técnica apropiada para conseguir objetivos deseados, mientras no suponga una dedicación plena que nos sustraiga de otras vivencias humanas sustanciales, aunque en honor a la verdad, hay muchas personas que son felices dedicando su vida a la meditación, recitación de mantras, la oración en silencio, etcétera, con el propósito de lograr el máximo desapego de sensaciones y pensamientos, hasta llegar al estado de la contemplación que aparece cuando se practica el silencio mental.

De hecho son numerosas las comunidades, sectas, congregaciones y organizaciones de diversos tipos que tienen como finalidad principal alcanzar el grado máximo de contemplación, (kundalini, éxtasis, arrobo, trance, etcétera), lo que es muy loable, siempre que dichos practicantes sean dueños de su voluntad individual, para la realización de estas técnicas con las que pretenden elevarse a los niveles más superiores de consciencia.

Lo que sí es cierto, es la gran influencia que ha ejercido el sol en todas las culturas a lo largo de la Historia, y quiero terminar este capítulo, haciendo un guiño a unos ascendientes nuestros de hace unos 5.000 años, los pobladores de un asentamiento en la cuenca del río Almanzora de Almería, que tallaban ídolos oculados en huesos de animales, los llamados ídolos de Almizaraque dentro de la cultura de los Millares, (yacimiento prehistórico), y que señalaban los ojos como soles, los maravillosos ojos soles, que todo lo curan.

También es muy conocida la "Dama de los Millares", descubierta por el arqueólogo suizo Charles Bonet en 1968, en el yacimiento del Barranquete de Níjar, (Almería), figura femenina al subrayarse el triángulo púbico, en la que destacan sus dos grandes ojos semejando el sol.

Ojos soles,
amuleto que todo lo cura.

La Noética. Mindfulness Bell.

La Noética, etimológicamente proviene del sustantivo griego "nous" y su significado está entre "pensar e intuir", algo así como el conocimiento intuitivo de los seres inteligentes. Modernamente estudia la relación que existe entre la conciencia y la materia, el poder que ejerce el pensamiento sobre el mundo físico, siendo capaz de modificarlo.

En 1973, un astronauta del Apolo 14, Edgar Mitchell, sexto hombre que pisó el suelo lunar, fundó el Institute of Noetic Sciences, con la finalidad entre otras, de investigar la conciencia y su relación con la transformación individual de la mujer y del hombre, después de sentir una experiencia única en su viaje de retorno a la Tierra, "El Conocimiento vino a mí directamente", según sus propias palabras; fue como una profunda conexión de su ser con lo universal, algo similar a cuando se alcanza el "samadhi" místico oriental, en el que a través de la meditación se conecta con lo divino.

Dan Brown, autor de "El Código Da Vinci", en su obra "El símbolo perdido", hace mención a la noética como el estado más profundo de comprensión de la mente, confiriéndole al cerebro el poder de transformar el mundo real a través de los pensamientos. El psicólogo de la Universidad estadounidense de Sonoma e investigador de fenómenos cuánticos y paranormales, Dean Radin, autor de varios libros de parapsicología, como "El Universo Consciente" y "Las mentes enredadas" participó en un trabajo de investigación de la Universidad de Princeton, en 1998, "El Global Consciousness Project", que mediante una red mundial informática, trató de demostrar que la conciencia colectiva es capaz de modificar un aparato de medición y por consiguiente es capaz de afectar a la realidad física; todas las especies tienen una conciencia de especie que interactúa globalmente. Los resultados obtenidos fueron muy criticados, aunque los impulsores del proyecto los consideraron muy satisfactorios.

Posteriormente Radin, como jefe de investigación del Instituto Noético, realizó un nuevo experimento conjunto con otros científicos, publicado en la revista internacional "Physics Essays", donde sugiere que la conciencia afecta a la materia. Para ello utilizó el experimento de la doble rendija, con 250 sesiones y 137 participantes que enfocaron su atención a las rendijas atravesadas por fotones, con intervalos de tiempo, de atención y de no atención, los resultados correlacionaron de forma significativa con las perturbaciones del patrón de difracción, confirmando así que se puede afirmar que la conciencia colectiva influyó en la medida.

Hoy día, estos conocimientos se aplican por grupos terapéuticos y religiosos, con fines sanatorios y de adquisición de autodominio y percepción, partiendo de la premisa de que la materia es insustancial y que lo único verdaderamente real son los pensamientos, que son la expresión en forma de información de nuestra percepción subjetiva, basada en las experiencias del sujeto en los conceptos adquiridos. La materia por sí misma carece de significado, si imaginásemos un organismo sin ningún tipo de percepción propia, éste no podría distinguir en absoluto su entorno, ni nada para él adquiriría ninguna representación, puesto que son las ideas las que definen las cosas; además todo lo que existe son conjunto de partículas en movimiento constante, interactuando, interfiriendo, perturbando infinitas ondas integradas en infinitos campos. En esta vorágine cuántica hemos aprendido a vivir gracias a la Conciencia universal, que nos permite la elaboración de los pensamientos a través de nuestro cerebro, un campo de partículas organizadas para adquirir el máximo número posible de qubits informativos, elaborarlos y permitir la emergencia de la mente.

Una de las aplicaciones más sencillas y no por ello menos útil, es la que se conoce como "Mindfulness Bell" (la campana de la atención plena), siguiendo la técnica creada por el vietnamita Thich Nhat Hanh, un maestro zen budista mahayana, activista por la paz, por lo que fue nominado para el Nobel, escritor, y que supo adaptar perfectamente la práctica del zen para occidentales, fundando "el budismo comprometido", a medio camino, entre la ayuda por la meditación en los monasterios y la ayuda física a los conciudadanos que así lo necesitan, siendo su vida un ejemplo de ayuda a los demás, sobre todo a los más necesitados, los llamados "boat people", (prisioneros políticos, refugiados, pobres de todo el mundo, etcétera).

El neoyorkino Jon Kabat-Zinn, médico, escritor, fue el fundador y director de la Clínica para Reducción del Estrés y del Centro para la atención plena, (Mindfulness), de la Universidad de Massachusetts, integrando los estudios médicos occidentales con las enseñanzas de maestros budistas expertos en yoga y zen, creando la técnica específica conocida como "REBAP", (Reducción del Estrés Basada en la Atención Plena), que se emplea con éxito para sujetos con trastornos producidos por el estrés y con dolor crónico. En esencia, el método "REBAP", está enfocado a las interacciones psicosomáticas, empleando la meditación de la atención plena, (Mindfulness).

En el campo de la Psicología Clínica es muy frecuente en determinados trastornos de conducta aplicar la técnica de dar un chasquido con dos dedos de una mano, (normalmente con el dedo pulgar y medio), para dirigir mentalmente la atención a un pensamiento alternativo al que nos produce el trastorno. Así, por ejemplo, si tenemos una obsesión, una compulsión, un tic, etcétera, que está perjudicando nuestra salud, cuando el tic, compulsión o pensamiento obsesivo afloran, se procede al chasquido de los dedos y nos centrarnos inmediatamente en el concepto, a ser posible contrapuesto, incompatible, al que nos está produciendo el problema. (al sorprenderse uno a sí mismo mordiéndose las uñas, de inmediato realiza el chasquido y cierra las manos con fuerza durante un minuto).

Pues bien, desde la perspectiva cuántica, realizamos el estudio desde el punto de vista, de que los seres humanos son campos de ondas de partículas, (vibraciones), interactuando con el medio ambiente en el que viven. Los pensamientos son asimismo funciones de "ondas positivas o negativas", según sean o no beneficiosos para el campo en general. Un pensamiento obsesivo reiterativo, está producido por unas ondas negativas que interfieren de manera perjudicial en la salud del sujeto que las produce.

El tiempo asociado al espacio de Einstein, lo asimilamos asimismo a una onda que fluctúa en un solo sentido, (la flecha del tiempo), y todos nuestros actos está desarrollándose a la par que transcurre el tiempo sin apercibirnos normalmente de su existencia, con lo que es cierto el chascarrillo de que "no sabemos el tiempo en que vivimos", de alguna manera somos conscientes de su realidad, pero rara vez centramos nuestra atención de una manera definida en el tiempo, que como todo lo que ocurre en lo cuántico, está asimismo lleno de incertidumbre. Es prácticamente imposible medir el tiempo de forma exacta, siempre lo haremos hasta cierto grado de aproximación y en el mismo instante de realizar la medición, ya habrá dejado de ser exacta dicha medida, (todo ello sin tener en cuenta variables como la velocidad, lo que complicaría aún más el cálculo).

Cuando una persona que padece un trastorno, expresado en unas ondas negativas, quiere superar un problema de conducta, o simplemente cambiar una faceta de su personalidad que no le gusta, deberá generar un pensamiento positivo o una conducta alternativa, mediante un ejercicio de meditación en el que visualice previamente el conflicto y luego la solución adoptada para resolverlo. Esta nueva respuesta tendrá su expresión cuántica en forma de ondas positivas, siendo conveniente que el sujeto imagine el movimiento y la coherencia de dichas "ondas sanadoras".

El Mindfulness Bell, constituye una buena herramienta para este tipo de terapia y en esencia, es reproducir el sonido en los intervalos de tiempo que se estimen convenientes, (normalmente cada una o dos horas), de un gong tibetano o de cualquier otro instrumento musical parecido o sonido similar de la naturaleza.

En la época tecnológica actual, acostumbrados a que haya una perfecta simbiosis entre el ser humano y su teléfono móvil, es muy fácil descargar en éste, una aplicación que reproduzca el sonido elegido en cada intervalo programado.

Supongamos que el sonido escogido es el gong tibetano, máxime cuando de por sí solo constituye una fuerte terapia de sanación dentro del Kundalini Yoga, "la terapia del gong", puesto que su tono inicial espléndido, libera energía en forma de un gran espectro de ondas sucesivas armónicas positivas y bellas para el oído, que interfieren beneficiosamente con el campo electromagnético humano elevando su frecuencia y equilibrando sus desajustes internos, (psíquicos y físicos). Esta terapia específica, requiere que el sujeto esté en un estado de relajación profunda y que reproduzca al ritmo de una respiración sosegada, el sonido repetido del gong, de modo similar a un mantra, como puede ser la sílaba sagrada hindú, "Om", (canto fuerte, rumor vibrante...), que se pronuncia más bien como "Aum" y que simboliza al universo entero en la figura de Brahman, la divinidad absoluta hinduista que se expande por todo el espacio cósmico y se comunica con cada ser vivo a través del éxtasis, (samadhi). Las implicaciones acústicas y sanatorias, de las ondas generadas por Om, son semejantes a las enunciadas para el sonido del gong.

Si lo que desea es flexibilizar su semblante, muy serio y circunspecto en todas las ocasiones, puede programar su Mindfulness Bell para que suene cada hora, durante las horas diurnas y evitar así que moleste su sueño mientras transcurre la noche. Esté donde sea, cada hora sonará el gong con gran energía y se irá amortiguando el sonido armónico durante unos veinte segundos. Esto provocará de inmediato el colapso de la función de onda del tiempo y en ese preciso instante, usted prestará su atención plena a su objetivo planificado, que en este supuesto se tratará de que esboce una amplia sonrisa hacia las personas con las que se encuentre interactuando, o que busque la más próxima a su entorno, tratando así de cambiar su referencia conductual muy sobria, mientras mentalmente se repite: ¡voy a sonreír más!

Si su problema es de asertividad, cuando suene el gong concéntrese en un pensamiento, elaborado con anterioridad, donde resuelve claramente dicha carencia o si tiene ocasión de ejercer la actividad porque la ocasión lo permite, materialice dicha oportunidad, mientras se dice a sí mismo: ¡voy a ser asertivo!

Si lo que padece es un trastorno depresivo que le tiene abatido e impedido siquiera a realizar un pequeño ejercicio, al sonar el gong, debe visualizar un pensamiento positivo imperativo: ¡voy a superar mi depresión!, y se dará un pequeño paseo donde se encuentre o realizará alguna actividad interactiva.

Y de esta forma tan sencilla, se pueden tratar de solucionar muchos de los problemas que nos aquejan y que queremos superar. El mecanismo de acción siempre es el mismo, el sonido del gong colapsa el tiempo en ese instante y nos invita a la atención plena, sustituyendo las ondas negativas por ondas positivas producidas por las respuestas satisfactorias alternativas, incompatibles con las conductas indeseadas. No sólo el gong colapsa la función de onda del tiempo, sino que al mismo tiempo colapsa las ondas negativas asociadas con el trastorno, y hace emerger las ondas asociadas con el comportamiento deseable. Es conveniente repetir la Atención Plena lo más a menudo posible, aunque al principio efectuar la repetición cada hora suele ser suficiente, incluso con dos y tres horas de intervalo se pueden esperar buenos resultados.

La Fototerapia. La conductividad térmica. El Firewalking. La Cromoterapia

Desde el punto de vista psicológico y terapéutico, tanto la luz como el color son de gran trascendencia, surgiendo la fototerapia y la cromoterapia, ambas tienen como objetivo la curación de ciertas enfermedades a través de la luz y a través de los colores respectivamente.

La fototerapia, como sus sinónimos de actinoterapia y luminoterapia, emplea la luz natural o artificial para el tratamiento habitual de enfermedades de la piel, como la ictericia, el vitíligo, la psoriasis, el acné, etcétera, así como trastornos psicológicos encuadrados en trastornos del estado de ánimo, trastornos del humor afectivos, tales como la depresión en sus diferentes manifestaciones y los trastornos bipolares.

En la Grecia clásica era frecuente que los médicos recomendasen a sus enfermos que tomasen el sol con moderación y en la Francia del siglo XVIII, se puso de moda la exposición moderada al sol para curar infecciones de la piel.

La radiación infrarroja se utiliza normalmente como agente termoterápico, dentro de la termoterapia, que trata las enfermedades y las lesiones aplicando calor. Los efectos del calor en el cuerpo humano son muy beneficiosos, aumentando en general las defensas del organismo, tiene efecto analgésico moderando el dolor producido por las contracturas, disminuye la tensión arterial al producir el calor vasodilatación, por lo que es muy recomendable para los hipertensos, aumenta el flujo de sangre y la frecuencia de la respiración, fluidifica las mucosidades, es laxante, eficaz para los dolores reumáticos y cólicos nefríticos, etcétera.

También presenta contraindicaciones importantes, como personas hipotensas, cardiopatías, tumores, insuficiencia hepática, problemas renales, etcétera.

Debemos siempre proceder con moderación y saber vigilar a nuestro propio organismo, para detectar si un tratamiento determinado puede serle o no provechoso.

Un exceso de calor puede alterar la estabilidad de las moléculas que contiene nuestro cuerpo, conforme la temperatura aumenta se incrementa la energía cinética de las moléculas hasta que llega un punto en que los enlaces químicos pueden romperse desestabilizando el organismo.

Es tan peligroso un sobrecalentamiento del cuerpo como soportar temperaturas muy bajas. La temperatura corporal óptima es aquella que se mantiene entre los 36°C y los 37°C y lo que produce nuestro calor corporal, es el metabolismo que tiene lugar en nuestras células a través de las reacciones químicas que se producen fundamentalmente con el alimento que ingerimos, y con el ejercicio físico de la propia vida, con nuestro movimiento, que puede ser acrecentado con el deporte, estas reacciones son exotérmicas, por lo que al alcanzar nuestro calor corporal, el exceso se elimina al exterior.

La energía que despide el cuerpo en forma de calor, depende como es lógico de la actividad que esté desarrollando, en reposo, en actividad, etcétera. Como referencia, una persona adulta sentada emite entre 100 y 125W (vatios), y si está dando un paseo entre 150 y 250W; teniendo en cuenta que un radiador eléctrico de unos 1000W, es suficiente para calentar una habitación pequeña, podríamos hacer los cálculos para saber con cuántas personas dentro conseguiríamos el ambiente calorífico adecuado.

En la estación central de ferrocarril de Stockholm, la capital de Suecia, por la que circulan cada día más de 300.000 personas, el sistema de ventilación recoge el calor humano excedente para calentar el agua contenida en unos recipientes especiales; dicha agua circula por el sistema de calefacción de un edificio de oficinas con una superficie de 28.000 metros cuadrados, lo que permite ahorrar un 25% los gastos de electricidad. Ha surgido una energía alternativa para las ciudades del futuro totalmente biológica.

En la actualidad, las viviendas de nueva construcción llevan materiales apropiados para conseguir lo que se denomina vivienda confortable y sustentable, que no solo supongan un aumento de confortabilidad sino un ahorro energético no reñido con la eficiencia energética deseable.

La energía térmica se transmite, bien sea por conducción (transmisión del calor por contacto sin que haya transferencia de materia), por convección (igual que la conducción pero con transferencia de materia) y por radiación (transmisión del calor mediante emisión de fotones u ondas electromagnéticas), la radiación solar que llega a la Tierra.

Se entiende por conductividad térmica la propiedad física que tienen los materiales de transferir calor por conducción, por contacto, sin transferencia de materia, en la que el sentido del flujo del calor siempre circula del cuerpo más caliente al más frío, hasta que se consiga llegar al equilibrio térmico.

El coeficiente de conductividad térmica de un cuerpo expresa su capacidad de conducir el calor y se simboliza a través de la letra griega λ, conforme más alto sea el valor de λ, mejor conductor será. Es muy importante este coeficiente en el momento de decidir de qué material debe ser un radiador calorífico, o la conducción desde una caldera a los radiadores de un edificio; así, los mejores conductores son los metales como el cobre, el bronce, el aluminio, el acero, el hierro, la plata, etcétera. El λ de la plata es desde 406 a 418 W/(m x k), vatios/ (metro x kelvin), en cambio la conductividad de la madera es tan solo de 0,13, inferior a la del agua 0,58, y más alta que la del corcho 0,04. El coeficiente del aire es de 0,024.

Es muy importante conocer este coeficiente, en principio debemos elegir para calentar una vivienda un buen conductor de calor, de alto coeficiente de conductividad y para que no se escape dicho calor, revestir las paredes con un buen aislante, de bajo coeficiente de conductividad.

Esto trasladado a nuestra piel significa que lo que debemos conocer es lo rápido que un objeto nos transfiere su calor o la rapidez con que nosotros transferimos el nuestro, según las diferencias de temperatura existentes y sabiendo que el flujo es siempre desde el cuerpo más caliente al más frío. Más que la temperatura real, lo que hay que saber es el coeficiente de conductividad del cuerpo de que se trate.

Uno de los países que más han llamado mi atención ha sido Islandia, una maravillosa isla donde podemos contemplar la grandiosidad de la naturaleza manifestándose en sus diversas facetas, cataratas, geiseres, glaciales, icebergs, manantiales de aguas termales, etcétera, y fue precisamente visitando una corriente termal de agua subterránea en un intervalo donde afloraba a la superficie, cuando mi guía islandés me dijo: "Cuidado, mete mano saca hueso" y yo pensé, si corre el agua es que no ha llegado a su punto de ebullición, es decir a los 100 grados centígrados y como el agua es un conductor más bien bajo, si meto y saco la mano muy rápida, no le voy a dar tiempo al agua para que me transfiera su calor de tal forma que me quede solo con el hueso, aún así mi prudencia cerebral me indicó que no metiese la mano y yo fui obediente, pero me quedé con el gusanillo de saber que hubiese pasado. Y es que mi guía era muy bromista, en otra ocasión al acercarme demasiado al mar me indicó: Cuidado, el agua moja y doy fe que me mojó.

Al efecto, circula por internet un video en youtube, titulado "Mad Scientist, David Willey, dipping his hand in molten lead", que traducido es: "David Willey, científico imprudente, sumergiendo su mano en plomo fundido", donde efectivamente este profesor de física de la Universidad de Pittsburgh, mete mano y saca mano, al contrario de lo que me indicó mi guía y eso que el plomo fundido está a una temperatura superior a los 300 grados centígrados. La explicación la tiene el hecho del relativo bajo coeficiente de conductividad del plomo, $\lambda = 35\ W/(m \times k)$ y al meter y sacar la mano con rapidez, no tiene el tiempo suficiente el plomo fundido de transmitir su calor, pues lo que quema en sí no es la temperatura del cuerpo transmisor, sino su conductividad térmica. Esto es lo que nos ocurre diariamente con los productos que cocinamos al horno a una temperatura de 200 grados centígrados, por ejemplo en un recipiente de cristal, la comida nos la podemos comer casi inmediatamente sin quemarnos, pero ojo, sin tocar el recipiente. La explicación siempre es la misma, está en función del coeficiente de conductividad, en este caso el coeficiente del cristal está próximo a 0,90 W/(m x k) y el coeficiente de la comida en general es bajísimo.

La primera deducción lógica es que la radiación solar será beneficiosa mientras no nos expongamos a ella, más tiempo del debido, para evitar que sobrevenga el equilibrio térmico, lo que supondría padecer en nuestra piel y en nuestros cuerpos, graves quemaduras.

Otro ejemplo muy ilustrativo de la conductividad térmica, es el Firewalking, tradición milenaria muy arraigada en muchos países y en determinadas sectas y grupos de nueva era, o filosofía alternativa. "Caminar sobre el fuego", que consiste en caminar descalzo sobre brasas de fuego encendidas, sin quemarse por ello, y se atribuye a la fe y valentía de los iniciados que realizan la prueba como un rito de paso, para revitalizar su espíritu.

La realidad física que lo hace posible es la conductividad térmica de las brasas que suelen ser de madera o carbón vegetal, ambas de bajo coeficiente, por lo que necesitan cierto tiempo para transferir su calor a los pies de los firewalkers, no siendo suficiente el que estos emplean en su recorrido sobre las brasas. Entre paso y paso, los pies descalzos están en contacto directo con las brasas encendidas, un tiempo insuficiente para que se produzca transferencia de calor debido a la poca conductividad térmica del material empleado, cuando el calor se va a transmitir el firewalker levanta el pie impidiéndolo y apoya el otro pie y así sucesivamente. Esta es la razón natural que aporta la física, muy alejada de las explicaciones de fuerza sobrenatural y de la gran concentración de la mente sobre la materia, que tienen que poseer los que lo consiguen.

Anthony J.Mahavorick, conocido como Tony Robbins es un orador motivacional y autor de numerosos libros de autoayuda, uno de sus libros más famoso es "Poder sin límites", también ha sido muy célebre "Despertando el gigante interior", pues bien Tony Robbins es de los que atribuyen al poder de la mente, el hecho de atravesar el fuego sin sufrir quemaduras y en uno de sus famosos seminarios en California exhortó a una amplia audiencia de seguidores, para que atravesasen el fuego sin temor por el poder mental que poseemos sobre la materia, bajo el supuesto de que no hay absolutamente nada que una persona no pueda alcanzar, Para la realización de la prueba, la organización del seminario preparó varios recorridos de tres metros de longitud con brasas de carbón a unos 800 grados de temperatura y todos los voluntarios que querían demostrar su poder mental sobre el fuego, siguiendo las indicaciones del orador, comenzaron a atravesar las brasas en hilera, unos detrás de otros, por cada uno de los recorridos preparados al efecto.

En esta ocasión, una veintena de participantes sufrió quemaduras de segundo y tercer grado. Tony Robbins emitió un comunicado manifestando que durante más de treinta años ofrecía esa experiencia a sus seguidores, sin que hubiese habido ningún contratiempo.

La explicación de que algunos de los voluntarios sufrieran quemaduras, no fue debido a la falta de la necesaria concentración mental que les hubiera permitido superar la prueba, sino tal vez, a que hicieron el recorrido con menos velocidad de la indicada, para impedir así que se iniciara la transferencia de calor de las brasas a sus pies desnudos, con lo que la transferencia térmica se produjo; también pudo ser, aunque desconocemos la proporción de quemados según los diferentes itinerarios, que en alguno de los recorridos hubiese objetos metálicos entre las brasas que se les hubiesen podido caer a participantes anteriores, en cuyo caso el equilibrio térmico es inmediato y en consecuencia las quemaduras, debido al alto coeficiente de los metales, o simplemente, que se hubiesen llevado trozos pequeños de brasa adheridos entre los dedos de los pies, aquellos que sufrieron las quemaduras, pues estas brasas adheridas, sí que efectuaron el equilibrio térmico, que ya sabemos fluye siempre desde el cuerpo con más temperatura hacia el que menos tiene y dado el bajo coeficiente de conductividad de la madera, al caminar con cierta rapidez se evita el calentamiento, pero si el contacto es permanente, es inevitable no quemarse.

Quiero hacer honor a Tony Robbins, del que me he leído hace bastantes años su libro, "Poder sin límites", y comparto su opinión de que el poder mental del ser humano no tiene límites, y de hecho en pasajes anteriores hemos mencionado el gran poder de la imaginación, para inducir a nuestro cerebro a conquistar aquellas metas que nos propongamos y de cómo el cerebro utiliza sus redes neurales para dirigirnos en la dirección apropiada. Es muy importante tener la creencia de que no nos vamos a quemar al atravesar las brasas, de no ser así, es seguro que nos vamos a quemar, y aunque la explicación es puramente física, también es cierto que si no tenemos la firme resolución de conseguirlo, difícil será superar la prueba. De hecho, me considero muy positivo en mi conducta habitual, pero no estoy convencido de que decidiese participar en una ceremonia de firewalking, creo que mi autoestima personal no necesita este tipo de demostraciones para reafirmarse.

Un ejemplo personal de motivación, de los muchos que podría citar, es el del australiano Nick Vujicic, orador motivacional, que se hizo muy conocido por su participación en el excelente cortometraje: "El circo de las mariposas".

Nick es director de Life Without Limbs, organización para discapacitados físicos, él nació sin extremidades, con el síndrome de tetra-amelia y debido a la inmensa ayuda de sus padres y su gran fuerza interior, aprendió a superar sus problemas y creer que en realidad era igual que los demás, según su propio testimonio. Ha escrito varios libros y dado innumerables conferencias y es conocido en el mundo entero por su gran ejemplo de superación personal.

Quiero citar también al gran físico teórico Stephen Hawking, a quién con 21 años de edad se le diagnosticó esclerosis lateral amiotrófica, (ELA), con un pronóstico de vida de no más de tres años y sin embargo, con una gran motivación vivió hasta los 76 años de edad, habiendo dado conferencias, escrito libros y proponiendo teorías de las más avanzadas, en el campo de la física y de las matemáticas, de la astrología y de la cosmología; a pesar de haber perdido el movimiento de sus extremidades y de toda su musculatura voluntaria, incluso sin poder mantener la cabeza erguida, lo que le obligó a vivir postrado en una silla de ruedas, controlada por un ordenador que manejaba con movimientos imperceptibles de su cabeza y a través de sus mejillas, compuso palabras en un sintetizador de voz al ritmo últimamente de una palabra por minuto. Todo ello no fue suficiente para que se rindiera, sino al contrario siguió manteniendo una gran actividad científica y una alta participación pública, hasta el día de su muerte.

Los rayos ultravioletas tienen más efectos nocivos que favorables y los rayos láser se emplean en terapia asociándolos a un compuesto químico que al ser estimulado por la luz aumenta su energía y cuando decae esta energía, la luz adquiere mucha potencia, pudiendo cortar tejidos, por lo que se suelen emplear como bisturí, para quitar tatuajes, manchas, etcétera.

Un efecto de la fototerapia muy popular es que aumenta la síntesis de la vitamina D, muy indicada para combatir el raquitismo, la anemia y la osteomalacia, (ablandamiento de los huesos).

La luz es contrapuesta a la depresión y a los trastornos de estados de ánimo; es muy importante favorecer el entorno de enfermos depresivos con una buena iluminación natural durante el día y artificial durante la noche, para no fomentar el decaimiento y la melancolía que suelen acompañar a este tipo de enfermos. Los pueblos que tienen más luz a lo largo de todo el año, padecen menos trastornos depresivos y son más alegres. Por el contrario aquellos que menos horas de sol reciben o que permanecen períodos largos de tiempo nublados, prácticamente sin luz solar o viven protegidos del intenso frío en ciudades subterráneas durante el invierno, presentan normalmente tasas altas de suicidio y mayor cantidad de trastornos psicológicos de estados de humor. Le corresponde a Groenlandia, el triste honor de ocupar el primer lugar en el ranking de suicidios; en el año 2012 fueron 117 hombres y 45 mujeres, con un promedio de 83 suicidios anuales por cada 100.000 habitantes. En Groenlandia los inviernos son de total oscuridad sin la presencia de la luz solar y los veranos al contrario son de total luminosidad, con lo que el concepto de ciclo, día y noche, tiene otras connotaciones diferentes al de la mayoría de los países. No obstante, no se puede asegurar que la causa de los suicidios se deba a la falta de luz, pues contrariamente a lo que pudiera parecer, la mayor parte de los suicidios se producen en los meses de mayor abundancia de luz, siendo la mayoría, paradójicamente, jóvenes que buscan encontrar inútilmente la luz al final del túnel.

Lo que no se puede cuestionar, es que estas alteraciones de ciclos, entre largas temporadas de noches continuas seguidas de largas temporadas de días resplandecientes, con una climatología anual muy fría, tienen que ejercer gran influencia, no solo en el modo de vivir sino en el de encarar y enjuiciar la vida. Es lógico que en aquellos lugares de climatología más benigna y ciclos no tan acusados de luz y oscuridad, del invierno al verano, el entorno invite de por sí a sus habitantes a hacer más vida en la calle y ser en consecuencia más extrovertidos, mientras que en el ejemplo de Groenlandia, sus habitantes vivan más en el interior de sus viviendas, sean más introvertidos, y consecuentemente más reacios a contar sus problemas o buscar apoyo entre familiares y amigos.

El segundo lugar lo ocupa Lituania con un promedio de 31 suicidios por cada 100.000 habitantes, bastante alejado del índice de Groenlandia, pero también muy significativo, En Lituania los veranos son muy cortos y los días son de clima riguroso y oscuro.

Ante la proliferación de pseudociencias relacionadas con la luz y sus radiaciones sobre los seres vivos, sin aporte justificativo de que puedan ser favorables o falsables y no obedezcan sus beneficios terapéuticos al efecto placebo, ha surgido la fotobiología que es el estudio científico de las interacciones entre las radiaciones electromagnéticas del espectro electromagnético y los seres vivos, es decir, el estudio que sobre éstos, ejercen los efectos de la luz y otras formas de energía radiante, constituyendo en distintas Universidades una disciplina autónoma.

Se parte del supuesto de que la energía proveniente de la luz, ha sido esencial para que la vida en la Tierra haya podido surgir en sus distintas manifestaciones y el espectro que se estudia en la fotobiología es el espectro fotobiológico, la parte del espectro electromagnético que tiene efecto sobre los seres vivos.

La fotobiología está estrechamente relacionada con la dermatología, la especialidad médica que estudia la estructura y función de la piel y las enfermedades que pueden afectarle, y es que el ser humano el primer contacto que tiene con la luz que invade su entorno, es a través de la piel. La fotodermatosis estudia específicamente las enfermedades cutáneas que tienen su génesis en la luz solar, especialmente en las radiaciones ultravioletas, que son las que más lesiones pueden producir, máxime, según se correspondan con menores longitudes de onda.

Las radiaciones solares cuando alcanzan la piel es absorbida por los cromóforos, los átomos de la molécula responsables de su color, que tienen muchos electrones, que son en realidad los que absorben la energía solar, al tiempo que se excitan emitiendo colores diferentes. Estos cromóforos, ácidos nucleicos, melanina etcétera, experimentan modificaciones químicas, muchas de ellas beneficiosas, como el bronceado que se produce con la síntesis de melanina, mecanismo de defensa de la piel contra un exceso de rayos ultravioletas, el metabolismo de la vitamina D, etcétera, y el mayor peligro lo suponen alteraciones que puedan ocurrir en el ADN alterando el mecanismo de regulación inmunitaria, alteraciones oculares y alteraciones cutáneas, pudiendo en casos extremos producir cáncer de piel.

La Cromoterapia, que utiliza el color como medicina alternativa para la curación de enfermedades, se remonta al médico persa Ibn Sina, más conocido por su nombre latinizado, Avicena, que escribió entre otras obras "Al Qanun fi al-tibb" (El canon de la medicina) en catorce volúmenes, una enciclopedia médica que contiene todos los conocimientos médicos de su época y que fue considerada una especie de biblia de la medicina. Sus discípulos lo llamaban "Cheikh el-Raïs" (príncipe de los sabios).

Para Avicena el color era fundamental a la hora de diagnosticar enfermedades y tratar las mismas, pues consideraba el color como un síntoma observable de la propia enfermedad. Para él, el color rojo aumentaba la presión sanguínea y el color azul y el color blanco la bajaban, mientras que el amarillo reducía la inflamación y calmaba el dolor, etcétera.

No quiero dejar pasar por alto su contribución a la estrecha relación psique-soma, entre las emociones y la condición física, y el efecto que manifestó que ejercía la música en los pacientes, pero tal vez lo más pintoresco es lo que diagnosticó como "el mal de amores" a un enfermo principesco postrado en una melancólica depresión, al que se le descontrolaba totalmente el pulso, al hacerle mención de su amada ausente. Como remedio prescribió unir al enfermo con su amada.

Sin embargo la Cromoterapia, debe su nombre como terapia del color, según estudiosos de esta pseudociencia, al general estadounidense Augustus Pleasanton, que publicó un libro en 1876 titulado: "The influence of the blue ray of the sunlight and of the blue color of the sky" (La influencia del rayo azul de la luz solar, y del color azul del cielo).

Sin ninguna base científica al igual que Avicena, le daba al color azul propiedades terapéuticas de todo tipo, desde curar enfermedades hasta incrementar la fertilidad, es más aseguraba que las uvas aumentaban de tamaño si se cultivaban en invernaderos con ventanas de cristales azules.

Dos años más tarde, el médico estadounidense Edwin Dwight Baditt, publicó el libro "The principles of light and color" (Los principios de la luz y el color), en el que analizaba las vibraciones de los colores y sus aplicaciones en la medicina. Diseñó una cabina con luces de diferentes colores, donde se sentaba el paciente que iba a recibir el tratamiento, le dio el nombre de "Termolume" y según la enfermedad que padecía, le aplicaba el color o mezcla de colores adecuado para su curación.

En el año 1933, el médico indio Dinshah Pestanji Ghadiali, publicó una enciclopedia en tres tomos, "Spectro chrome metry enciclopedia" indicando tratamiento con mezclas de colores para 316 enfermedades.

El ayúrveda, milenaria medicina tradicional India, prioriza la forma en que un paciente siente su enfermedad y realiza el diagnóstico analizando todas las facetas de la vida del enfermo, en especial la relación que existe entre las emociones del paciente y la enfermedad que padece.

Esta disciplina cree que el ser humano tiene siete chakras (centros espirituales), a lo largo de su columna vertebral Los chakras son centros de energía inmensurables, por donde circula la Kundalini, una energía invisible e inmedible, que asciende por la espina dorsal despertando y activando los diferentes chakras, se simboliza como una serpiente enrollada, que al despertar y ascender desde el primer chakra, mula-adhará, (situado en la zona donde se apoya el cuerpo al sentarse con las piernas cruzadas), hacia el tercer ojo, sexto chakra y posteriormente al vértex, el séptimo chakra, abadhuti, (situado en la superficie superior de la cabeza, la coronilla), abre el portal a la conciencia universal y a nuevas dimensiones, invisibles para el ser humano en su vida cotidiana. Es en este chakra donde se produce un estado de trance profundo, que da lugar a una experiencia mística extraordinaria.

Cuando un chakra se desequilibra se produce una enfermedad física y estos desequilibrios se corrigen aplicando al paciente un tratamiento con el color adecuado. Cada chakra tiene su propio color. La meditación en el chakra indicado para conseguir su liberación dentro del cuerpo, debe hacerse con la iluminación correspondiente, así, si lo que deseo es abrir el sexto chakra y el tercer ojo, deberé tener una iluminación ambiente de color índigo o añil y concentrarme en mi sexto chakra, viendo como brilla interiormente dentro de mi cuerpo, con una fuerte luz de dicho color y cuando note fluir la energía que brota hacia el tercer ojo, me concentraré en mi glándula pineal, visionando de nuevo un fuerte tono de color índigo. Este color fue el usado en el vendaje de momias del antiguo Egipto y solamente la vela del barco del faraón navegando por el Nilo, era de color púrpura, obtenido a través del índigo; de esta manera todos los demás barcos al avistar el barco real tenían que cederle el paso.

La glándula pineal es una pequeña glándula endocrina con forma de cono de pino, de donde recibe su nombre, situada en el epitálamo, muy cerca del centro del cerebro, introducida en un surco donde se unen las dos mitades del tálamo y por tanto entre los dos hemisferios cerebrales. Esta glándula produce una hormona llamada melatonina que modula tanto los patrones del sueño como los ritmos circadianos y los ritmos estacionales, ritmos biológicos donde oscilan las variables biológicas, sed, hambre, sueño, etcétera, en intervalos regulares de tiempo. La glándula pineal es una especie de fotorreceptor atrofiado en el curso de la evolución biológica, y en el caso de los anfibios y de los reptiles una especie de ojo parietal vestigial, conocido como ojo pineal.

Para René Descartes, la glándula pineal era el correlato físico del alma, llegando a calificarla como el "tercer ojo". Para el Hinduismo, está ubicado en el entrecejo, ligeramente por encima de la unión de las cejas, y para la Teosofía ese tercer ojo está conectado con la glándula pineal y se corresponde con el sexto chakra hinduista, el agña-akhia, "conocer por el entendimiento".

Su ubicación en la parte más profunda y central del cerebro, ha despertado siempre toda clase de especulaciones, no solo entre los científicos, sino también entre los filósofos y los seguidores de teorías ocultas, metafísicas y místicas.

Rick Strassman, psiquiatra americano teoriza que la glándula pineal es sensible a la luz, y que esta sensibilización produce y libera dimetiltriptamina, DMT, un enteógeno alcaloide, del griego éntheos (ένθεος) que significa, "que tiene un dios dentro" y que él denomina la Molécula Espiritual, por sus propiedades psicotrópicas que provocan un estado modificado de conciencia en el sujeto. Esta molécula es un principio activo que se encuentra en plantas con propiedades alucinógenas, como la planta sagrada del Amazonas, la "Ayahuasca", que ingerida, activa con más rapidez la glándula pineal, permitiéndonos entrar en otras dimensiones de nuestra conciencia, y conocer otros aspectos de la realidad.

Hay quien ha ido más lejos en sus planteamientos como el escritor teosófico británico Charles Webster Leadbeater, quien sugiere que con la extensión de un "tubo etérico", desde el tercer ojo, se puede desarrollar visión telescópica y microscópica, e incluso otros escritores y teorizantes esotéricos, afirman que a través de la visión microscópica se pueden observar partículas subatómicas, como los quarks, o los órganos internos del cuerpo humano.

Desde luego no hay evidencias científicas que puedan corroborar dichas afirmaciones, pero sí es una realidad que la glándula pineal secreta DMT, lo que evidentemente induce a tener alucinaciones y que hay técnicas muy sugerentes para hacernos reflexionar qué hay de cierto en todo ello. Cuando realicé un curso de control mental, el Silva Mind de José Silva, parapsicólogo mexicano, quien ideó un buen método de autoayuda y desarrollo mental, pude comprobar por mí mismo como era posible desarrollar habilidades como la clarividencia, y ser capaz de "penetrar mentalmente", en el interior de órganos de personas enfermas, una vez establecidas previamente las referencias psíquicas de esos mismos órganos en personas supuestamente sanas, y teóricamente podíamos ejercer como sanadores, simplemente concentrándonos en algún órgano enfermo y transformarlo en cómo debía ser uno sano, cuyas referencias habíamos adquirido previamente.

Así, si un corazón sano lo visualizábamos, después de diversos ejercicios en un estado profundo de relajación, como un órgano con la forma de corazón que solemos representar desde nuestros dibujos infantiles, sin grietas de ningún tipo y con un colorido uniforme y de tono rojizo intenso, y por el contrario al proyectarnos mentalmente sobre el corazón de un enfermo que había padecido un ataque cardíaco, este lo visualizábamos, por ejemplo, con una forma más irregular, con algunas grietas y un tono de color rosado o un rojo poco intenso y desvaído, debíamos representarnos mentalmente este corazón enfermo con las referencias del corazón sano, es decir, había que quitarle las irregularidades, pintarlo de un rojo más vivo, quitar todas las grietas, etcétera. Evidentemente se trataba de ejercer como sanador en la distancia y ello nunca pude contrastarlo ciertamente, pero sí que adquirí la clarividencia suficiente al proyectarme en alguna persona enferma y visualizarla internamente, de conocer qué enfermedades padecía o que había padecido. Reflexioné si no sería un tema de telepatía entre la persona que conocía la enfermedad que padecía el sujeto sobre el que debía proyectarme y yo mismo, pues los datos me los proporcionaba dicha persona leyendo una ficha donde figuraban todas las características del enfermo y cuando yo le manifestaba, por ejemplo, que observaba unas irregularidades en el corazón, es cuando me informaba acerca de la enfermedad que padecía la persona en cuestión, advirtiéndome de que siempre, que al proyectarme mentalmente en el futuro sobre alguien, y visualizase las mismas irregularidades, es que padecería esa persona dicha enfermedad.

También, cuando relajado profundamente me concentraba en mi "tercer ojo", me invadía una sensación de bienestar que se manifestaba en forma de calor agradable que me invadía el entrecejo y se hacía cada vez más intenso. Aún hoy día después del paso de los años sigo experimentando la misma sensación. Bien es verdad que ello queda muy lejos de lo que expresan las personas que dicen haber experimentado la kundalini, pero tambén no es menos cierto que mi vida no la he dedicado, como por ejemplo, muchos lamas tibetanos a conseguir la kundalini mediante una vida de meditación y austeridad.

Otra manera de alcanzar otros estados de conciencia, es a través de los siete chakras hinduistas que hemos mencionado anteriormente, concentrándonos específicamente en ellos y de hecho hay un yoga específico para despertar la kundalini, el Kundalini Yoga, también llamado "el yoga de la conciencia"

Los que practican la cromoterapia creen que los colores influyen en los sentimientos y en las emociones de las personas, y que son necesarios para restablecer el desequilibrio producido por las enfermedades.

La ergonomía es una disciplina científica que pretende optimizar el bienestar humano en su interacción con el mundo laboral, donde los tres elementos del sistema son el ser humano, la máquina y el ambiente. Una de sus funciones es por tanto el diseño apropiado de los lugares de trabajo y analiza entre otras muchas cuestiones cuál debe ser el color apropiado para cada momento y su misión se extiende incluso al elemento puramente comercial, por ejemplo, cómo debe ser el color de un restaurante para que despierte el apetito de los comensales o de qué color debe ser el mono de trabajo de una vendedora de productos alimenticios, o la bata de un cirujano que va a realizar una operación quirúrgica para infundir serenidad y relajación a su alrededor. La ergonomía estudia otras muchas facetas, música, tono y color de la iluminación, etcétera.

La cromoterapia se basa en la influencia que ejerce el color en nuestro estado de ánimo, y aún cuando sea considerada una pseudociencia, sin rigor científico alguno, no me cabe la más mínima duda que el color favorece y distorsiona la psique de una persona.

No podemos asegurar que un tratamiento con un color específico sea eficaz para sanar una enfermedad, ni que tal color tiene que ver con las infecciones y este otro color con los virus o tal vez con trastornos biliares, y tratar de estructurar una ciencia para explicar y tratar determinadas enfermedades utilizando el color, lo que me parece desde un punto de vista científico, una empresa imposible.

A nadie se le ocurriría vestir al cirujano que va a operar, con una bata de un color rojizo chillón, o de un amarillo limón fosforito o de un color negro intenso inmaculado. Con cualquiera de los tres vestuarios indicados, creo que más del 90%, por no decir del total de los pacientes, se levantaría de la camilla y huiría a toda prisa del quirófano, motivado ello por las connotaciones culturales adquiridas. Pero aparte de dichas connotaciones culturales que explican el significado de los colores y que tienen el argumento sólido que dan las tradiciones surgidas a lo largo de la historia, hay una explicación más lógica y sencilla que nos la da la propia magia de la luz.

Ya hemos analizado que el color en sí no existe, toda la materia del universo es incolora, lo que vemos en el espectro visible son el reflejo en forma de fotones de la incidencia de la luz sobre cualquier tipo de materia. Cada color se corresponde con una diferente longitud de onda. Precisamente el color negro absorbe todos los fotones que le llegan lo que da el resultado de color negro, por lo que sería muy poco adecuado ir en época estival muy calurosa vestido totalmente de negro, pasaríamos un calor insoportable y sudaríamos copiosamente, puesto que la continua energía de entrada se iría acumulando dentro de nuestro organismo, que iría progresivamente aumentando su temperatura. En Andalucía, comunidad española situada al sur de la península ibérica, y limítrofe con el norte del continente africano, las fachadas de las casas de los pueblos son de color blanco bien encaladas, para tener un albedo alto y así reflejar más cantidad de la luz solar que le llega y producir el efecto de enfriamiento en sus muros, manteniendo de esta forma más refrigeradas las viviendas ante la intensa radiación solar. (El albedo es la cantidad de radiación que refleja una superficie, respecto a la radiación que recibe del medio exterior. Se expresa en porcentaje y como ya podemos deducir por lo que hemos expuesto hasta ahora, las superficies claras presentan un albedo superior al de las superficies oscuras. El albedo de la Tierra oscila entre un 37 % y un 39% de la radiación que recibe del Sol).

En cambio en el Pirineo, al norte de la península con unas temperaturas muy bajas casi todo el año, las viviendas son de fachadas y tejados oscuros, de piedra o pizarra, con un albedo bajo, que así permita el calentamiento de las viviendas al absorber mayor cantidad de radiaciones solares y reflejar sus muros una mínima cantidad hacia el exterior.

Como referencia, citar que el albedo de la nieve supone un 86% de luz reflejada, mientras que el suelo terrestre sin vegetación supone desde un 18% hasta un 7%, según sea el terreno más o menos oscuro.

Sin embargo hay excepciones a la norma cuando se llega a temperaturas extremas a ambos lados del termómetro de mercurio. Aunque pueda parecer paradójico a temperaturas externas superiores a la temperatura corporal, los 37ºC, la ropa negra permite mayor refrigeración que la ropa blanca. La ropa negra absorbe más cantidad de luz y por tanto genera más calor corporal, pero el cuerpo humano al calentarse emite radiación infrarroja hacia el exterior, consiguiendo de esta forma su refrigeración, a mayor cantidad de absorción de radiación solar le corresponde mayor cantidad de emisión de radiación infrarroja, compensándose de esta manera el calor corporal de manera más eficaz que si se llevase ropa blanca, pues con este color habría efectivamente menos absorción, pero emitiría menos calor que el color negro, por lo que de manera más significativa, a temperaturas extremas es preferible vestir ropas oscuras, como hacen los beduinos del desierto, que incluso utilizan tiendas de campaña de color negro. En contraposición, en el polo ártico, los esquimales visten ropas claras, incluso blancas, que mantienen mejor el calor interior y suelen vivir en iglús de un blanco inmaculado, pues allí las temperaturas están siempre por debajo de los 0ºC.

Asociamos igualmente los colores con las estaciones del año y agradecemos las estaciones más benignas con lo que sus colores preponderantes nos proyectan más optimismo y esperanza, mientras que los colores más oscuros nos recuerdan los rigores del clima. Así el amarillo, el rojo y el naranja invitan al optimismo y estimulan en cierta manera el estado de ánimo. En cambio los colores grises y apagados pueden estimular el humor en el sentido contrario. También influye subliminalmente el color en nuestro comportamiento y enjuiciamiento hacia las personas con las que interactuamos continuamente. Por ejemplo, en una entrevista de trabajo normalmente debemos utilizar la gama de colores oscuros, que es la habitual en la sociedad para tratar de transmitir responsabilidad y seriedad; no sería muy afortunado acudir a la entrevista con colores muy vivos y "chillones"; las paredes del comedor de un restaurante deben ser de color anaranjado, color que invita al organismo en cierta medida a comer. Una habitación con tonos azulados induce a la relajación y con tonos verdosos a la esperanza. Una velada íntima, con tonos violeta en el ambiente, con escasa luz y música suave sería posiblemente lo ideal.

La Computadora cuántica. La Conciencia cuántica. Los microtúbulos

Un qubit, también llamado bit cuántico es la unidad mínima de información cuántica, análogo al bit tradicional de la computación clásica, pero con unas posibilidades totalmente diferentes y con la pretensión de conseguir la memoria infinita, cuando esté plenamente desarrollada la computadora cuántica.

La forma de tratar la información contenida en un qubit es diferente de la de un bit clásico y ello implica poder realizar operaciones lógicas, que no son posibles de realizar con un bit.

Un bit sólo puede tener dos posibles valores, o un "0" o un "1".

En cambio, un qubit debido al fenómeno de la superposición cuántica, posee todos los valores posibles al mismo tiempo, ya que las cosas pueden ser y pueden no ser, ambas cosas a la vez, "|0> y |1>" (se pronuncia Ket cero y Ket uno), que se corresponden con el 0 y el 1 del bit clásico.

Con un bit sólo se puede tener un valor (0 ó 1), y con un qubit tendremos 2 valores (0 y 1). Con 2 bits tendremos 2 valores (0 ó 1) y (0 ó 1) y con 2 qubits tendremos 4 valores (0 y 1) y (0 y 1).

El bit crece en la proporción n=n y el qubit en la proporción 2^{n}, siendo n el número de bits y qubits empleados.

Si empleamos 20 qubits, sería 2^{20}, y cargaría 20 millones de veces más información que con 20 bits. Si empleáramos 300 qubits tendría más poder que todas las computadoras convencionales del mundo juntas. Además mientras que en la computación clásica se resuelven los problemas linealmente, en la computación cuántica se resuelven varios al mismo tiempo, pues cada uno de los procesos es independiente de los demás.

Ello quiere decir con arreglo a la teoría de la información integrada phi, que una computadora cuántica con un número muy elevado de qubits, integrará una información inmensa con lo que poseerá una conciencia prácticamente ilimitada, superior a la de un telencéfalo humano.

Un cerebro tiene miles de millones de neuronas y hasta mil billones de conexiones sinápticas, algunas a través de complejísimas redes neurales internas, y en términos informáticos clásicos procesa aproximadamente 400 mil millones de bits por segundo, aunque conscientemente solo atiende 2000 mil bits por segundo, lo que podría suponer generar más de 70.000 pensamientos diarios, la mayor parte de ellos repetitivos de un día para otro, debido a la adherencia receptiva de nuestras redes. De ahí la dificultad de cambiar el talante de nuestra intrínseca forma de ser, para postergar los pensamientos negativos que nos aflijan y proyectar así una imagen externa más positiva hacia la vida.

Normalmente al conocer a alguien con detenimiento, pronto podremos darnos cuenta de qué tipo de pensamientos internos le dominan, pues su manera de expresarse, sus inclinaciones lúdicas, su estilo de vida, todo ello será fiel reflejo de sus redes neurales con más adherencias establecidas; cuando para conseguir algo pensamos en ello continuamente o nos ejercitamos en patrones habituales de conducta, degustamos alimentos parecidos.... estamos fomentando esa adherencia, pues las redes neurales integradoras de la información ya están instaladas y las reforzamos cada día. Es por ello la gran dificultad que supone el realizar un cambio de conducta verdaderamente efectivo si ese es nuestro deseo, Muchas de las enfermedades psicológicas que nos afligen y de la ansiedad que nos provoca el estrés ante situaciones que pueden resultar conflictivas, difícil relación laboral con algún jefe, dificultad de comunicación con la pareja, con los hijos....son producidas por el propio talante aprendido por muchas de nuestras conexiones neurales, que con la repetición conductual se hacen adherentes.

Una computadora cuántica además de poder procesar una información infinitamente superior a una computadora clásica, tiene una gran característica al tratarse de información cuántica, es decir, la información física que hay en un sistema cuántico, que es diferente al que se postula en la teoría de la información clásica de Shannon. En el sistema cuántico debido a la superposición hay siempre un conjunto de estados posibles, lo que genera el paralelismo cuántico, que es la posibilidad de realizar toda la combinatoria posible según el número de qubits que tengamos de entrada y que representan siempre simultáneamente los valores 0 y 1, ambos a la vez. Este paralelismo es lo que expresa la formidable potencia de la computación cuántica. Además, de acuerdo con el teorema de la no-clonación de que no se pueden realizar copias de un estado desconocido de un sistema, ello agiliza el procesamiento de la información.

El cerebro humano, visto desde la perspectiva cuántica, está asimismo compuesto por partículas atómicas y subatómicas, y si aplicamos la física cuántica, nos alejamos de la lógica de la física clásica, aunque ambas físicas pueden coexistir según el modelo que nos interese y el mundo que queramos visitar, el macroscópico o el nanoscópico, tratando los científicos actuales de unificar y conectar entre sí ambas teorías. Nuestro cerebro aplica ambas lógicas según el tipo de pensamiento que produzca, desde un pensamiento racional y lógico hasta un pensamiento fabulativo, intuitivo..., desde un pensamiento matemático profundo hasta un sueño mágico, un mundo de fantasía y de imaginación... El concepto cuántico ha cambiado profundamente nuestra concepción de la realidad objetiva, es una cuestión de enfoques, una cuestión del observador.

Hay teorías que estudian los microtúbulos neuronales como correlato neuronal de la conciencia y los que consideran que el entramado en forma de malla de dichos microtúbulos, son el sustrato cuántico de nuestro cerebro. Lo que sí está claro que al igual que una computadora cuántica procesa en paralelo, al considerar con arreglo a la teoría de la superposición que en un qubit se producen a la vez el valor 0 y el 1, dicho procedimiento también podrá realizarse dentro del cerebro humano; el ente inmaterial de la conciencia de alguna manera conectará con el mundo microscópico de las partículas subatómicas que existen en el cerebro, convirtiéndose en la expresión del mismo, lo que implica que se cuestione un nuevo paradigma: la ***Conciencia cuántica*** y el cerebro en vez de ser una computadora clásica que funcionará procesando bits, con "1 ó 0" a través de las redes neuronales, será una computadora cuántica que procesará qubits, "1 y 0" simultáneamente, a través de los microtúbulos de las neuronas.

Los microtúbulos son unos tubos cilíndricos largos y rígidos de unos 20 nm de diámetro, que se extienden dentro de las neuronas a lo largo de los axones y de las dendritas. Están formados por unas moléculas llamadas dímeros, compuestas a su vez por dos proteínas denominadas tubulinas, la α y la β; cada molécula de tubulina tiene forma de maní y el hueco central está ocupado por un electrón, donde cada pareja se alinea mediante enlaces no covalentes de forma ordenada, y se unen longitudinalmente, formando hebras (protofilamentos), unas trece aproximadamente, con las que forman un microtúbulo, que son los que constituyen el citoesqueleto de la célula y cada uno tiene una polaridad estructural, la α tubulina a la que se denomina - formará un extremo y la β a la que se denomina + formará el otro. Esta polaridad será la misma para todos los protofilamentos de cada microtúbulo. Por el extremo β crece más el microtúbulo por la polimerización de nuevos dímeros de tubulina, aunque también pueden suceder procesos de despolimerización y en el extremo α ocurre al revés, decrece el microtúbulo, sobre todo si no está protegido, predomina por tanto la despolimerización a la polimerización.

Teóricamente, en este conjunto de microtúbulos estaría la computadora cuántica del cerebro que permitiría la manifestación de la conciencia, lo que sería imposible si no existiera esta estructura. A través de otras estructuras cerebrales podremos percibir estímulos tanto externos del medio exterior, como internos del propio sistema, pero la emergencia de la conciencia solo la haría posible la existencia de este entramado de microtúbulos. Los electrones que ocupan los huecos centrales, son qubits, y tienen por tanto las propiedades no locales de los cuántos, de todas las probabilidades dentro del mundo cuántico, pueden estar encendidos y apagados simultáneamente, es decir superpuestos, pueden estar en dos lugares a la vez, en el mundo interior y en el mundo exterior y es dentro de los microtúbulos donde se produciría el milagro del salto cuántico entre la dimensión de la materia con la dimensión de la conciencia, donde conecta automáticamente la materia y la conciencia, a través de saltos cuánticos que son percibidos de forma continua.

La conciencia cuántica es el colapso de la función de onda, no existe un mundo real sin que haya un observador. La medición de una partícula subatómica cuántica, la medición de un fotón, de un electrón...recibe el nombre de colapso de la función de onda. Y para medir hay que observar y observar es colapsar la función de onda, con lo que ser consciente implica colapsar la función de onda de la realidad de la que somos conscientes. Ello significa que los pensamientos son colapsos de funciones de ondas, medidas cuánticas, al elegir entre las muchas posibilidades superpuestas de millones de conexiones existentes, aquellas que por algún motivo decide atender el observador, lo que produce una sincronía entre el estímulo y el observador, que origina una decoherencia en el entramado de microtúbulos, debido al colapso de onda producido, e implica un input cuántico microtubular, amplificado en las redes neurales que sean específicas, haciendo surgir la aparición de la conciencia.

No-local, quiere decir que las partículas no dependen de ninguna ubicación para transmitir señales. Las partículas una vez que se conectan entre sí quedan entrelazadas, manteniendo la conexión incluso aunque se encuentren separadas por grandes distancias, siendo la conexión instantánea, con independencia de su ubicación en el espacio. Este proceso se conoce como "resonancia cuántica de fase conjugada", y le da la posibilidad a nuestra conciencia de relacionarse con todo el universo, y recibir información, independientemente de los sentidos a través del mundo entrelazado, con el que se encuentra conectado de forma no-local.

El filósofo húngaro Ervin Laszlo, expuso que la percepción cuántica es tan real como la percepción sensorial. Todo lo que se encuentra en el espacio-tiempo emite ondas que interactúan con otras ondas entre sí, creando patrones de interferencia de ondas y debido a que las ondas cuánticas se propagan instantáneamente por todo el espacio, sus patrones de interferencias constituyen hologramas cuánticos, los cuales están entrelazados con otros hologramas y todos ellos tienen acceso a toda la información que contienen todos los hologramas. Nuestro cerebro como decodificador de resonancias cuánticas puede tener acceso a toda esa información, que recibe a través de su red de microtúbulos, que posee en número astronómico, $1x10^{18}$ y son estos microtúbulos los que capturan, procesan y transmiten la información que luego se amplifica con las redes neurales, $1x10^{11}$ neuronas aproximadamente, más que estrellas en el firmamento.

Se deduce en esta teoría, que la conciencia de los seres humanos puede acceder a cualquier tipo de información por muy alejada que esté, ya sea en el espacio, como en el tiempo, Podemos visitar las Pirámides de Egipto desde nuestra habitación, pero no solo en el tiempo actual sino que podemos trasladarnos a su época de construcción. Para ello tendremos que ahondar aún más en el conocimiento de la física cuántica, para saber el mecanismo necesario para colapsar las funciones de onda que nos permitan acceder a cualquier tipo de información en el espacio-tiempo.

Ya hemos mencionado anteriormente que el verdadero sentido de la evolución era el de captar información, y desde luego, sin la más mínima duda, si se puede llegar a demostrar lo que la teoría predice de los microtúbulos, podremos decir que la evolución en su sentido último ha sido el gran triunfo de la información, conectando entre sí a través de la información cuántica, todo el conocimiento del Universo desde su origen a través de la curvatura espacio-tiempo.

Pero estas afirmaciones, aún, ante la enorme dificultad que supone resolver el problema duro de la conciencia, es decir, resolver como puede surgir un ente inmaterial como lo es la percepción consciente subjetiva, de un ente material como es el cerebro, habrá que demostrarlo, teniendo en cuenta lo expuesto y así poder crear una ciencia de la conciencia..

Lo que sí se va demostrando, según nos adentramos en el estudio de la búsqueda del sustrato de la conciencia, es que la teoría de la información integrada de Tononi, y la de los microtúbulos, son de la más consistentes y convincentes para tratar de buscar una solución final.

Roger Penrose & Stuart Hameroff. La "Reducción Objetiva Orquestada"

El físico matemático británico Roger Penrose, es uno de los científicos contemporáneos más brillantes de la actualidad y no solo por sus numerosas contribuciones a la cosmología y a la teoría de la relatividad general, sino por su teoría de la mente, (el objetivo principal al escribir este libro), que tal vez sea lo que más famoso le ha hecho y asimismo más polemizado, por afirmar que la mente es una manifestación de la naturaleza no explicable por las leyes físicas, basándose en el teorema de la incompletitud de Gödel, de que hay verdades incuestionadas para el entendimiento humano imposibles de demostrar matemáticamente. Junto al profesor estadounidense Stuart Hameroff, médico anestesista, ambos postularon que tanto la conciencia como el cerebro son entidades separables, conclusión a la que llegaron al estudiar los microtúbulos, estudios basados en el concepto de coherencia cuántica y de un fenómeno físico que se produce en el interior de las neuronas al colapsar la función de onda cuántica en una reducción objetiva orquestada, de difícil demostración

Ha editado varios libros y diversas comunicaciones científicas y ha participado como coautor de otras muchas publicaciones. Su libro, "El camino a la realidad: una guía completa a las leyes del universo", que trata sobre las leyes de la física, es un gran libro de divulgación a todos los niveles. También destacan "La nueva mente del emperador" y "Las sombras de la mente: hacia una comprensión científica de la consciencia", más centrados con su peculiar teoría de la mente.

El modelo de Roger Penrose, compartido con Stuart Hameroff, se apoya esencialmente como hemos mencionado anteriormente, en el concepto de coherencia cuántica y en la existencia de un fenómeno físico, denominado reducción objetiva orquestada.

La coherencia se produce, cuando se mantiene un estado cuántico el tiempo preciso para que puedan realizarse fenómenos de interferencia y es la que decide la trayectoria final más óptima, en los casos de superposición cuántica en los que las partículas pueden estar en varios sitios al mismo tiempo.

La primera gran pregunta se refiere, a si la aparición de la conciencia es una consecuencia evolutiva de las redes neuronales, o si la conciencia es independiente de dicha evolución, y existe como una estructura proto-consciente, conectada con el cerebro y que se manifiesta a través de una escala subatómica.

Es lo que se conoce como la hipótesis de la "Reducción Objetiva Orquestada" ("Orch OR"), donde orquestado se refiere a que los procesos cuánticos intervinientes lo realizan de forma sincronizada, a través de los microtúbulos, que conforman el citoesqueleto neuronal y la reducción objetiva se refiere al colapso de la función de onda de los procesos cuánticos que regulan las sinapsis neurales, haciendo posible así la emergencia de los pensamientos y procesos cognitivos.

Dicha hipótesis fue muy cuestionada, por considerarse que lo único que hacía era trasladar el enigma de cómo surge la experiencia subjetiva, a otro interrogante igualmente inescrutable, al margen del rechazo en un principio, a admitirse procesos cuánticos en el interior del cerebro.

Sin embargo, era incuestionable, que si en realidad somos manifestaciones macroscópicas de partículas subatómicas orquestadas, necesariamente deberían existir procesos cuánticos en todos los seres vivos, como así se ha venido demostrando repetidamente en procesos tales como la fotosíntesis de las plantas, la orientación de los pájaros, los microtúbulos, etcétera.

En la fotosíntesis, los vegetales al recibir directamente la luz solar despliegan una especie de antenas proteínicas, encargadas de captar la energía solar, que es transformada posteriormente en energía química, en un tiempo brevísimo de una milmillonésima parte de un segundo tras una serie de reacciones determinadas. Las antenas funcionan de modo similar a una máquina cuántica para orientar debidamente la luz captada y transportar la energía a los lugares de almacenamiento. Su eficacia ronda en la conversión de un 95% de luz solar en energía química, cuando las células fotovoltaicas de las placas solares solo convierten un 20%.

Estos procesos cuánticos de transporte de energía lumínica que se producen durante la fotosíntesis, han sido comprobados experimentalmente, por científicos de la Universidad de Glasgow (Reino Unido) y del Instituto de Ciencias Fotónicas (ICFO) de Cataluña.

Las clorofilas responsables de la fotosíntesis se acoplan, al incidir paquetes de fotones solares, de acuerdo con la coherencia cuántica, lo que además permite que las partículas lumínicas fluyan por los caminos más eficientes. Podemos deducir que la fotosíntesis funciona mediante procesos cuánticos.

Por lo que respecta a las aves, tienen una orientación sorprendente, son capaces de volar cientos de kilómetros en línea recta hacia su destino final, sabiendo donde se encuentran en todo momento. Es como si tuviesen una especie de brújula magnética que les indique continuamente el rumbo correcto a tomar y que les permite volar en bandadas sin tropezar entre sí, realizando incluso giros y fluctuaciones diversas a la vez.

Estas brújulas están relacionadas con el aparato visual de las aves, es más, se cree que son unas moléculas, los criptocromos, que están físicamente ubicadas en la retina del ojo y que son sensibles, tanto al campo magnético terrestre como a los fotones que inciden sobre los ojos de los pájaros. Cada fotón genera dos electrones espacialmente separados, pero entrelazados entre sí, lo que da lugar a un "compás cuántico" que reproduce el campo electromagnético en forma de imágenes de sombras claras y oscuras, en los ojos de los animales, que van cambiando en función de la interactuación con dicho campo, e indicando así el rumbo del vuelo en sus largas migraciones hemisféricas.

Se denomina magnetocepción, a la facultad de poder detectar la dirección y sentido del campo magnético terrestre, que en el caso de las aves, se debe a la presencia de los fotorreceptores llamados criptocromos, que poseen pares de electrones entrelazados, cada uno con su espín correspondiente que además sabemos son sensibles al magnetismo. El mecanismo de funcionamiento es el siguiente: cuando un fotón incide sobre uno de estos pares de electrones, uno de los dos absorbe la energía y salta a otra molécula, y como están entrelazados, los electrones mantendrán sus espines opuestos, tomando la orientación conveniente respecto al campo magnético terrestre, recobrando el estado anterior, para lo que devolverá la energía absorbida del fotón, lo que producirá una señal al cerebro a través del nervio óptico, con lo que el pájaro verá literalmente el campo magnético de color azul, pues es esta longitud de onda la que excita al criptocromo.

Podemos imaginar, que de esta forma, cuando los pájaros inician sus vuelos migratorios no sólo se guían por un compás biológico, (criptocromo), que les marca con el color azul el rumbo a tomar, sino que llevan una especie de piloto automático, (los espines), que permiten que el rumbo se mantenga, restableciéndolo si fuese necesario y que al igual que a nuestros aviones, las emisiones electromagnéticas procedentes de la tecnología humana, pueden alterar sus "mágicos instrumentos cuánticos" de orientación.

Precisamente, una película estadounidense de ciencia ficción titulada "The core" (El núcleo), dirigida por Jon Amiel, basada en la novela del mismo título de Paul Preuss, narra el viaje que un equipo especializado tiene que realizar al centro de la Tierra, para mediante la detonación de una bomba nuclear, restablecer el campo magnético terrestre y salvar así a la humanidad de morir abrasada por la radiación solar. En dicho filme, se hace referencia a cómo los pájaros pierden su brújula interna que les guía, como consecuencia de la desaparición del campo magnético, lo que provoca que sean incapaces de salvar obstáculos y encontrar su camino de migración.

Estudios experimentales realizados con la especie de petirrojos europeos avalan científicamente estas conclusiones, e incluso se ha comprobado cómo ondas de radio de frecuencia media y otras emisiones electromagnéticas frecuentes en la vida terrestre, como la generada con la emisión de la red eléctrica provocan la desorientación de dichas aves.

El biólogo Henrik Mouritsen, ayudado por su equipo de la Universidad de Oldenburg de Alemania, publicó que los espines de los electrones, debido a su sensibilidad a las ondas electromagnéticas, eran motivo suficiente para anular la brújula biológica de las aves, dando por tanto una explicación basada en la mecánica cuántica y alertando del impacto ambiental que supone la contaminación electromagnética para la supervivencia de muchas especies.

La magnetorrecepción se ha demostrado asimismo en otros animales como vacas y tortugas, incluso en bacterias y todo ello demuestra la relación existente entre esta extraordinaria conducta de orientación y los procesos cuánticos como mecanismos subyacentes, que en el supuesto de los pájaros, se refiere específicamente al fenómeno del entrelazamiento cuántico.

También ha quedado demostrada la actividad cuántica en el interior de los microtúbulos, reafirmándose así que los procesos cuánticos se dan con más frecuencia de lo que se piensa en la biología y que posiblemente son subyacentes a todos los procesos de la vida que conocemos, no siendo conscientes de ello, debido a la dificultad por el momento, de establecerlo experimentalmente en el mundo macroscópico, dificultad que será superada según avancen los procedimientos de investigación en un futuro no muy lejano.

Nos encontramos de nuevo con la enorme dificultad de establecer una Ciencia de la Conciencia, un nexo de conexión entre los procesos cuánticos de las partículas subatómicas y el santuario inmaterial del espíritu humano, sin entrar en las disquisiciones espirituales que marcan la difícil y estrecha frontera entre lo que es sobrenatural y lo que es simplemente la propia naturaleza.

Stuart Hameroff, es también un conocido conferenciante acerca de cómo la percepción subjetiva surge de la materia objetiva, tratando de establecer una relación entre la conciencia y la física cuántica, centrándose sobre todo en el estudio de los microtúbulos y colaborando con Roger Penrose en la elaboración de una teoría de la conciencia a partir de la física cuántica.

Hameroff despertó su interés sobre estas cadenas moleculares en forma de diminutos tubos, al investigar sobre el cáncer y observar cómo los centriolos (orgánulos constituidos por 9 tripletes de microtúbulos), intervenían en la división y movimiento de los cromosomas durante la mitosis, (reparto equitativo del material hereditario, ADN, en la constitución de dos células hijas con el mismo número de cromosomas que la célula madre), y dicha división se efectuaba en una especie de danza microtubular, que separaba los cromosomas perfectamente como si fuesen guiados por un ente inteligente o una conciencia cuántica.

Dado además que los microtúbulos se encuentran en las neuronas en grandes cantidades, (prácticamente constituyéndolas en su totalidad, con millones de subunidades de una proteína con forma de maní, llamada tubulina), así como en todas las células, Hameroff pensó que podría ser que dichas estructuras interviniesen de algún modo en la manifestación de la conciencia humana, por lo que decidió investigar más profundamente la cuestión.

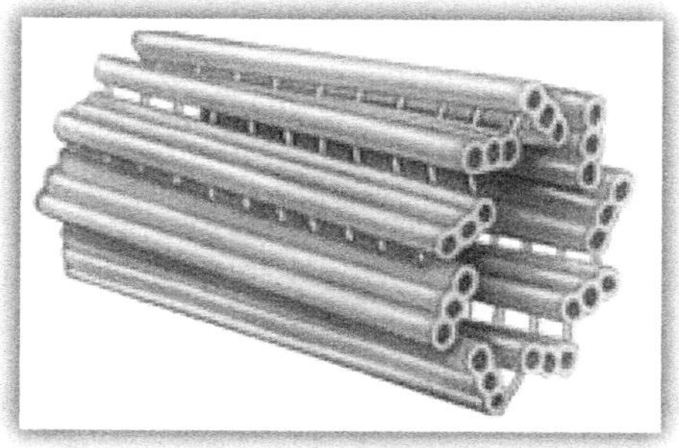

Centriolo con 9 tripletes de microtúbulos

En aquel entonces coincidiendo con sus estudios de neurología, conoció a un eminente anestesiólogo de la Universidad de Arizona, quién le indicó la correlación existente entre la anestesia y la conciencia, de forma tal que la anestesia anula selectivamente a la conciencia, mientras que otras muchas funciones cerebrales siguen activas, y que en cierto sentido ejercía también algún efecto sobre los microtúbulos, ahondando así en la posible conexión que debía haber entre los microtúbulos y la conciencia.

El profesor anestesista Roderick G. Eckenhoff, MD, de la Universidad de Pennsylvania, publicó que la anestesia actúa a través de los microtúbulos ubicados en las neuronas del cerebro.

Hameroff, observó además cómo los paramecios, organismos unicelulares, (carentes por tanto de neuronas), tenían control de su conducta y algunas funciones cognitivas muy simples que requieren cierto grado de inteligencia, y ello podía deberse a que tienen microtúbulos con los que tal vez podrían acceder a su cognición.

Pero lo que más impactó en Hameroff, fue el funcionamiento interno de la proteína denominada tubulina, que puede cambiar su estado en cuestión de nanosegundos, pasando de estar abierta a cerrada o viceversa, con lo que el microtúbulo formado por un complejo entramado de tubulinas, evocaba por su semejanza, al supuesto funcionamiento de una computadora molecular, pero con un rendimiento muy superior al de cualquier otra computadora convencional. Suponiendo el cerebro como si fuera una gran computadora y que cada neurona fuese un bit, (1 si se dispara y 0 si no lo hace), comparando la neurona con su estructura microtubular, la diferencia era impresionante, puesto que la actividad de todos sus microtúbulos combinados entre sí, suponía potencialmente, un poder computacional de unos mil trillones de operaciones por segundo, lo que trasladado al número total de neuronas que tiene el cerebro humano, estaríamos hablando de unas cifras inconmensurables. Los trabajos que desarrolló con otros físicos e ingenieros, haciendo simulaciones con los microtúbulos, confirmaron que eran unas computadoras muy eficientes, adquiriendo cada vez más certeza de que en estas estructuras cilíndricas es donde se encontraba la verdadera base física de la conciencia, más que en el entramado de las redes neurales que no eran sino la expresión de aquellas estructuras, que servían a su vez de soporte y de computadora al mismo tiempo.

Este grandioso poder computacional agregado a la neurona, suponía echar por tierra la inmensa mayoría de los modelos simulados de computación del cerebro, en base a las redes neurales y seguía sin resolver el problema de siempre, cómo a través de estas computaciones más o menos numerosas surge la experiencia consciente, cómo explica este modelo la Conciencia.

En este momento de pausa reflexiva, Hameroff leyó el libro de Roger Penrose, "La nueva mente de Emperador", e intuyó que podría encontrar la respuesta que buscaba, el nexo de unión entre la materia y la conciencia, si aunaba sus esfuerzos con la mente prodigiosa de Roger Penrose, así que se puso en contacto con él y a partir de entonces desarrollaron juntos un nuevo modelo de conciencia basado en la teoría de la gravedad cuántica desarrollada por Penrose y el estado de superposición física entre microtúbulos en el cerebro.

Roger Penrose basándose en el teorema de la incompletitud de Gödel, (de que ninguna teoría matemática formal es a la vez consistente y completa, es decir, si los axiomas de dicha teoría no se contradicen entre sí, entonces existen enunciados que no pueden probarse ni refutarse a partir de ellos y si además el sistema de axiomas en cuestión es consistente, no es posible demostrarlo mediante dichos axiomas), argumentó en contra de los partidarios de la inteligencia artificial, (que afirmaban que teniendo una computadora la suficiente computación compleja, supondría tener una computadora en cierto modo consciente), puesto que la conciencia no es computación sino comprensión, ofreciendo un modelo explicativo de la conciencia de una genialidad y audacia increíbles, basado en la física cuántica.

Stuart Hameroff, sugirió a Roger Penrose que posiblemente fuesen los microtúbulos, los computadores cuánticos de su modelo, que estaba sin una estructura biológica bien definida, poniéndolo al día de sus investigaciones y conclusiones en dicha materia. Penrose analizó toda la información que le proporcionó Hameroff, en especial en lo referente a la geometría de la estructura de los microtúbulos, como gran conocedor que era de dicha materia y al poco tiempo ambos científicos empezaron a colaborar conjuntamente.

La "Reducción Objetiva Orquestada" ("Orch OR") de Roger Penrose, propone una alternativa al modelo de la superposición cuántica que establece la interpretación de Copenhague, que como sabemos indica que para que una onda colapse y quede así definida la situación de la partícula que está en superposición, debe de existir un observador que la mida, pero Penrose, pensando sobre todo en los procesos cuánticos cerebrales, incuestionables, después de las numerosas investigaciones realizadas confirmando dichos procesos dentro del campo de la biología, se planteó quién era el observador de la actividad cuántica desarrollada dentro del cerebro humano y yendo aún más lejos, quién era el observador en otros sistemas que tampoco pueden ser observados o que se producen en zonas tan alejadas e intrincadas, que es imposible ninguna observación.

No se cuestionó el colapso de onda como consecuencia de una medición realizada por un observador consciente, pero planteó el supuesto de lo que llamó auto-colapso de la función de onda al llegar al umbral del espacio-tiempo, y cuando ese colapso ocurre se produce un destello de conciencia, es decir, es el colapso el que da lugar a la conciencia y no al revés, la conciencia no determina en sí el colapso. Además como estamos dentro del mundo microscópico de la cuántica, la conciencia se expresará igualmente en cuantos de conciencia, con sus propiedades características de intensidad, calidad, longitud de onda, etcétera.

Un colapso de función de onda, es por tanto un colapso cuántico de un único quantum de conciencia, son los colapsos los que producen la conciencia, que no es una realidad continua, sino discontinua, como los paquetes de fotones de Planck; sucesivos colapsos de onda, irán estableciendo una secuencia aparentemente continua de conciencia, aunque en realidad se esté produciendo una serie de unidades de conciencia, tantas como colapsos, de modo similar al que observamos al visionar una película cinematográfica, de manera que un colapso de onda equivaldría a un fotograma y así como una determinada frecuencia de encuadres por segundo genera la sensación de movimiento en el observador, igual ocurre con la conciencia, que son eventos discontinuos que se experimentan como continuos, en el que un evento se corresponde con un único colapso de la función onda, un único quantum.

La otra gran aportación de esta teoría tan original y profunda, fue el concepto de gravedad cuántica de Roger Penrose, quién dio por hecho que la ley de la relatividad general de Einstein, tendría que funcionar en todas la escalas posibles dentro de nuestro Universo, y al igual que nuestro Sol produce una curvatura gravitacional en la línea figurativa del espacio-tiempo, debido a su masa, de igual forma cualquier otro cuerpo sea cual sea su tamaño, producirá asimismo una curvatura acorde a su masa y a su escala. La Tierra produce su curvatura y la Luna y una mosca y una partícula subatómica....; como es lógico no estamos hablando de la curvatura que podría producir una partícula subatómica en nuestro mundo físico habitual, sino en una escala nanométrica y allí, en esa escala, sí que tiene mucha importancia la diferencia de tamaño y de masa de una molécula o de una determinada partícula.

Una función de onda, con una partícula situada en dos lugares simultáneamente, en un estado por tanto de superposición, presentará dos curvaturas a la vez, lo que dará lugar a una bifurcación en el espacio-tiempo, y dado que tanto las curvaturas como la superposición son inestables, más tarde o más temprano, acabará autocolapsando hacia una de las dos curvaturas, produciendo entonces, en ese momento, un quantum de conciencia. Son estos efectos gravitacionales los causantes del colapso automático de las funciones de ondas.

Esto resuelve el problema del auto-colapso de la superposición cuántica, pero ¿de dónde surgen los cuantos de conciencia y en qué lugar se forman los procesos cuánticos?

Alfred North Whitehead, fue un filósofo y matemático inglés, de difícil comprensión intelectual dado lo avanzado de sus ideas y la época que le había tocado vivir, nació en 1861 y falleció en 1947 y fue el creador de la escuela filosófica conocida como la "Filosofía del Proceso" que hoy día sigue encontrando aplicación en muchas disciplinas, tales como Psicología, Física, Biología, Ecología, Economía, etcétera.

Para Whitehead, la materia no existe independientemente de los eventos, la realidad cartesiana construida sobre pedazos de materia independientes entre sí, era una concepción errónea, pues todo "Proceso" está formado por eventos primarios fundamentalmente interrelacionados entre sí y que por tanto dependen unos de los otros. Los elementos básicos de la realidad son experimentales, pues la realidad la constituye la experiencia, incluso los procesos de choques de electrones tienen cierto grado de experiencia y no hay dos tipos de existencia, mental y material, sino una sola indisolublemente unidas, que emergía de lo que llamó "situaciones de experiencia".

El universo estaba hecho por eventos, de la misma manera que una persona era un conjunto de eventos superpuestos, con experiencias distintivas conectadas por lo que denominaba "sociedad de eventos" y culpó al lenguaje por mantener una forma materialista del pensamiento, ya que las personas y los objetos no se mantienen iguales, pues cada cosa es diferente en cada segundo y lo que parece un proceso continuo y concreto por las limitaciones de la vida cotidiana, en realidad se trata de un proceso discontinuo en el que una persona no es la misma de un solo segundo a otro.

Abner Eliezer Shimony fue un físico y filósofo estadounidense, especialista de la teoría cuántica y de la filosofía de la ciencia, quién señaló que los momentos de experiencia de Whitehead, eran muy similares a lo que conocemos como colapsos cuánticos de la función de onda.

Este concepto de Whitehead sirvió para que Penrose y Hamerroff, de forma conjunta adoptaran un enfoque protopanpsiquista de la conciencia, en el sentido de que los precursores de la conciencia, son propiedades fundamentales, irreducibles de la naturaleza, de modo similar a las propiedades fundamentales de la materia como la masa, el espín, la carga, etcétera. La qualia, (la cantidad mínima necesaria de un estímulo para que pueda ser percibido por la mente como una experiencia), dentro de la geometría de Planck, como elementos primarios de la conciencia, están al mismo nivel que los precursores de la materia y son percibidos como consecuencia de los colapsos de función de ondas que ocurren en el espacio-tiempo a escala cuántica, en el espacio cósmico de experiencia protoconsciente.

La qualia, está en todas partes, en un mar de infinitas ondas, en sus estados superpuestos y cuando se produce una reducción objetiva, (un colapso de onda), surge un estallido de conciencia,

De esta forma tan sutil y elegante Roger Penrose, encuadra la gravedad cuántica en el marco de la teoría de la relatividad y asimismo en colaboración con Hameroff, relaciona la materia con la Conciencia, resolviendo el eterno enigma científico y filosófico, desde Platón y Aristóteles hasta Kant, Descartes, Leibniz, etcétera, la experiencia subjetiva, el dualismo de la relación mente-cuerpo. ¿Cómo es posible que un ente inmaterial como lo es la conciencia, interaccione con un ente material como lo es el cerebro? ¿Cómo puede darse ese mágico y misterioso salto cualitativo de la materia, del mundo físico, expresado en la inmensa actividad neuronal del cerebro, con la inmaterial experiencia subjetiva de la conciencia? (extraído literalmente del capítulo de la Conciencia, por considerar de utilidad su recordatorio en esta fase del libro).

Queda por definir donde y de qué forma se producen los procesos cuánticos en el cerebro y aquí es cuando procede retornar a los microtúbulos.

El neurocientífico alemán, Wolf Joachim Singer, publicó un trabajo sobre el fenómeno de sincronización de las ondas gamma y su relación con los estados de meditación, unas ondas cerebrales con una frecuencia que va desde los 30 a los 90 hertzios, aunque lo más frecuente suelen ser los 40 hertzios. Esta sincronía se produce en entramados coherentes de microtúbulos en el cerebro y son la evidencia de un estado de colapso de función de ondas que ocurre 40 veces por segundo y podría llegar a ser el correlato neuronal de la conciencia. De hecho la sincronía gamma puede surgir en cualquier lugar del cerebro y en cualquier momento, correlacionando con nuestra percepción consciente de forma discontinua, con un patrón de secuencia de 40 eventos conscientes por segundo, pero que a veces y según las circunstancias, dicho patrón puede ser modificado, lo que se conoce como "estados alterados", así, si el patrón se eleva a unos 90 Hertzios, nuestra percepción del mundo exterior sería mucho más lenta.

El Dalai Lama envió algunos monjes budistas para poder realizar un experimento de sincronía gamma a un laboratorio en Wisconsin junto a otro grupo control de meditadores de la zona. Los monjes registraron entre 80 y 100 hertzios, mientras los sujetos experimentales lo hicieron a cuarenta hertzios, de donde se dedujo que la experiencia incrementaba de forma favorable el grado de meditación, más intenso y enriquecedor, lo que redundaba en un estado psíquico del individuo más confortable y equilibrado.

Puesto que las vibraciones cuánticas microtubulares son las responsables de las ondas cerebrales y conforme la frecuencia, medida en ciclos por segundo (Hz), es más elevada, entre los 80 y los 100 hertzios, más alto grado de meditación se consigue y mayor nivel de procesamiento de la información, se deriva desde un punto de vista terapéutico, el beneficio que supondría estimular las vibraciones de los microtúbulos del cerebro, en el tratamiento de trastornos de conducta, neurológicos, mentales y carencia de habilidades cognitivas, abriéndose así un campo muy esperanzador para aliviar dichas alteraciones.

-*"**Cerebro**,* después de tantos años preguntándonos el lazo entre la materia y la mente y cuestiones tales como que la gravedad cuántica no es compatible con la teoría relativista, viene el enfoque de Roger Penrose con la colaboración de Stuart Hameroff y soluciona todas las interrogantes de una vez; desde luego que la teoría es muy original, pero creo que es de difícil demostración, si es que fuese posible que pueda ser demostrada alguna vez.

-"***Conciencia***, de la manera más simple posible, te diré que el modelo del que hablamos se retrotrae al brevísimo tiempo transcurrido entre el big bang y lo que se denomina la era de Planck, en el que se produjeron considerables fluctuaciones de la curvatura del espacio-tiempo del que surgieron los precursores de la materia y los elementos primarios básicos de conciencia.

Estos componentes de experiencia protoconsciente y la evolución biológica de una configuración específica de los microtúbulos cerebrales, han hecho posible el proceso de que estallidos de conciencia se deriven de las vibraciones cuánticas coherentes de estas estructuras tubulares, mediante sucesivos colapsos de ondas que son almacenados, tal vez, en mecanismos biológicos similares a los que forman las espinas dendríticas encargadas de recordar los estímulos del medio, y que son fortalecidos y amplificados con el uso, a través de las redes neuronales cerebrales, constituyendo así la conciencia individual de cada ser vivo, su patrón cuántico de información, obtenido de una conciencia exterior, que es una verdad fundamental de la propia naturaleza.

Roger Penrose sigue investigando en su modelo, tratando de afianzar las bases de una biofísica cuántica de la conciencia, que unifique las tres dimensiones de la realidad: matemática, física y psíquica.

El Quantum Touch

El Quantum Touch, que significa Toque Cuántico, es una técnica de sanación basada en la mecánica cuántica, mediante la que el terapeuta pretende utilizar el intercambio de energía que se produce entre dos campos electromagnéticos que se encuentran próximos, al mismo tiempo que reconoce la interconexión existente entre todos los seres vivos dentro de nuestro universo, por descender la materia de las mismas partículas cuánticas generadas en el origen del big bang, como consecuencia del baile frenético de las partículas y antipartículas virtuales, con lo que, según el principio del entrelazamiento cuántico, están todas las partículas subatómicas entrelazadas de alguna manera, con mayor o menor intensidad, en función de otras constantes que a lo largo del tiempo han fortalecido aún más o debilitado dicha interconexión.

La técnica utilizada por el terapeuta es muy sencilla y consiste en aplicar un leve toque con sus manos a la persona, que necesita movilizar su energía negativa para que fluya hacia el exterior y se equilibre con la energía positiva curativa que se desprende del sanador. Esta energía no es la que posee el terapeuta, sino que éste la hace fluir captándola del medio circundante, mediante diferentes procedimientos que veremos más adelante. Si no fuese así, tanto el sanador como el paciente, en una sesión muy eficaz, a lo máximo que se podría aspirar es a que igualasen su contenido energético, con el riesgo, de que podría ocurrir que ambos estuviesen por debajo del umbral mínimo para tener una salud óptima, en el supuesto de que sólo se produjese el aporte de la propia energía del terapeuta, que quedaría así exhausto y expuesto a padecer los mismos síntomas que el paciente. (Un ejemplo de este tipo sería, el de un paciente con un nivel de energía negativa muy elevada y un sanador que sólo tuviese su nivel de energía equilibrada, por tanto, de lo que se trata, es que la persona con energía negativa no la transmita a nadie, sino que la libere hacia el exterior al tiempo que capta la energía positiva curativa que recibe a través del terapeuta, quién a su vez también se beneficia de la misma).

Incluso la energía curativa puede transmitirse a distancia, pues las partículas entrelazadas quedan conectadas para siempre, sin que haya limitaciones de espacio ni de tiempo.

En función de las circunstancias ambientales, genéticas y conductuales, los seres vivos tendrán sus campos electromagnéticos cargados de energía positiva o negativa, que influirán en su salud física y psíquica, y en sus manifestaciones hacia su entorno exterior. Todos conocemos personas tóxicas llenas de energía negativa y de dolencias de todo tipo y también otras personas llenas de optimismo y de energía positiva que no se quejan nunca de nada. El simple intercambio de miradas y algún otro signo protocolario impuesto por nuestras normas sociales, como un beso en la mejilla, un apretón de manos, etcétera, puede ser suficiente para que un breve encuentro con una persona negativa nos produzca cierto malestar y pesadumbre, al contrario que con una persona positiva que nos transmitirá su jovialidad y alegría. (En ambas hipótesis sólo se realizará un intercambio de energía entre los campos electromagnéticos de las dos personas sin más, por lo que un sujeto tóxico nos transmitirá parte de su energía negativa, mientras nos "roba", por decirlo de alguna manera, cierta cantidad de nuestra energía positiva; a diferencia de lo que ocurriría si se aplicase el Quantum Touch, en el que ambos sujetos no se perjudicarían entre sí).

Antiguamente, a los enfermos psíquicos se les tachaba de personas dementes o endemoniadas y como tales se les recluía en centros cerrados, a veces incluso amarrados con cadenas y se les negaba el mínimo derecho a vivir, hasta que luego vino la terapia de "la curación por la palabra", que luego aplicaría extensamente el psicoanálisis en sus primeros tiempos. Los pacientes se desahogaban narrando sus penas al psicoanalista y se liberaban de muchas de sus angustias internas; abandonando de esta forma la ciencia médica oficial, el status de loco, sustituyéndolo por el de enfermo psíquico.

De igual modo, las personas cargadas de energía negativa, llenas de toxicidad, somatizan sus carencias energéticas con enfermedades de todo tipo, contracturas musculares, espaldas arqueadas, dolores abdominales, angustia, etcétera, y necesitan también alguien que las escuche, que es en cierto modo lo que hace el Quantum Touch, que las atiende sin apenas intercambiar palabras, sino energía, que el terapeuta transmite del exterior sirviendo de puente de enlace con al paciente, hasta conseguir que éste equilibre su falta de vitalidad.

El Quantum Touch, lógicamente se considera una pseudociencia, pero no por ello deja de ser interesante y en cierta medida funciona. Los seres vivos representan campos de energía en movimiento, compuestos por millones de partículas subatómicas y desde que surgió el universo una partícula tiene su antipartícula, y toda la materia acumulada tiene su equivalente de antimateria; en resumidas cuentas, el universo guarda una simetría desde el big bang y los seres humanos una simetría equivalente, una simetría local. Asimismo, las partículas en superposición que están en varios estados a la vez, están inestables, por lo que tienden a conseguir su estabilidad mediante los colapsos de onda, Cuando un objeto de una masa determinada se encuentra en el espacio-tiempo en un equilibrio gravitatorio inestable, buscará siempre la estabilidad realizando los movimientos precisos para obtenerla. De igual manera podemos razonar con la ruptura de la simetría local de una persona, ésta estará en una situación inestable, lo que denominamos enfermedad y normalmente dicha persona se auto-curará, no es el terapeuta el que cura sino el paciente el que realiza su propia auto-sanación, pues su organismo buscará su estabilidad y desde el primer momento, después de haberla perdido por las circunstancias que sean, el propio cuerpo haciendo uso de lo que se conoce como "inteligencia corporal" iniciará su pronta recuperación, pues su estado natural es el de tener una salud excelente y consecuentemente un campo electromagnético estable, para lo que será preciso que exista un equilibrio en su polaridad, (separación de las cargas eléctricas dentro de cada molécula). No obstante, el terapeuta con el Quantum Touch, lo que pretende es ayudar a recuperar la estabilidad energética, a todas aquellas personas que habiéndola perdido estén en su propio proceso de curación. Esta energía vital que requiere el campo humano para poder disfrutar de una salud óptima es el "prana" sánscrito o el "chi" chino, la energía que hace que la vida sea una realidad.

Richard Gordon es uno de los pioneros de la curación energética, que ha escrito dos libros sobre el tema, ambos best sellers,

"El Quantum Touch" (El Toque Cuántico) y "Tus manos curan: Un tratado práctico sobre la polaridad", donde describe el procedimiento que se debe seguir para ayudar a los demás a liberarse de sus bloqueos energéticos, que son la causa de los trastornos que padecen, para lo que se utilizan las manos, por donde fluye la energía sanadora que proporciona un manantial de felicidad y de salud, para todos aquellos que lo reciben.

En el Quantum Touch, Richard Gordon, manifiesta que se trata de una técnica de curación que se realiza mediante un leve toque de las manos del terapeuta, sobre sí mismo o sobre la persona afectada, en la zona dolorida o desajustada, para conseguir una respuesta curativa casi inmediata.

Especifica las condiciones óptimas que deben darse para que el tratamiento sea lo más eficaz posible y puedan erradicarse problemas físicos o emocionales y ser de aplicación a todos los seres vivos, incluyendo a los animales y lo más importante de cara a los incrédulos, no es incompatible con la terapia tradicional sino que puede ser complementario.

Uno de los principios que se relaciona con el Quantum Touch, es el de resonancia, partiendo de la hipótesis de que todos los organismos vivos tienen su propia frecuencia vibratoria cuántica, desde un doble punto de vista, el de todo su cuerpo y el específico de cada uno de sus órganos corporales, con lo que el concepto de enfermedad está ligado a una vibración disonante, imperceptible, global o local, (aunque la local lleva implícita que afectará de alguna manera a la global). Sin embargo el concepto de salud está ligado a una vibración armónica y fuerte. Una resonancia saludable puede modificar a otra no saludable y de hecho la naturaleza está llena de ejemplos de cómo se acoplan frecuencias vibratorias simplemente con la proximidad, (las luciérnagas nocturnas situadas en lugares cercanos, encienden sus luces y las apagan al mismo tiempo perfectamente sincronizadas; las mujeres que comparten habitaciones sincronizan sus ciclos menstruales, etcétera; y es que toda vibración cuántica desprende energía y cuando un campo oscila a una frecuencia diferente de otro limítrofe, se produce la resonancia, mediante la que se transfieren energía entre sí, hasta que ambos sistemas vibren con la misma frecuencia y se produzca la sincronización.

Los terapeutas cuánticos son por tanto terapeutas resonantes, que mediante técnicas que describiremos a continuación, elevan las vibraciones, a unas frecuencias muy altas de sus manos y al ponerlas sobre la parte dolorida del cuerpo del paciente, empezará a transmitirle energía, (la fuerza vital, el prana, el chi, etcétera), hasta conseguir la resonancia y por consiguiente la completa sincronización con el mismo.

Las técnicas que describe Richard Gordon, se basan principalmente en una perfecta relajación, una gran concentración y una armoniosa respiración.

Antes de empezar el tratamiento, el terapeuta debe estar completamente relajado, en especial sus manos, para lo que realizará previamente algún ejercicio de relajación. Seguidamente iniciará respiraciones pausadas con la frecuencia más favorable para el tipo específico de tratamiento, que de forma general, podría ser la frecuencia más cómoda de 4-4, (4 segundos inspirando normalmente por la nariz y 4 segundos expulsando el aire indistintamente por la nariz o por la boca). Otras frecuencias más exigentes serían, 2-6 y 1-4, y la más poderosa, denominada respiración de fuego, que sólo debe practicarse una vez por minuto y que puede provocar mareos e incluso el desmayo del practicante; consiste en realizar de forma seguida 6 o 7 inspiraciones y espiraciones, jadeando y siempre ambas por la boca. Esta frecuencia es la que más fuerza vital absorbe y transmite por lo que de empezar con ella, luego deberíamos regularizar nuestra respiración antes de seguir con la frecuencia 2-6, 1-4 o 4-4.

El paso siguiente es importantísimo y consiste en conectar la fuerza vital que se capta, la energía, con el ritmo de la respiración, de tal forma, que con cada inspiración debemos imaginar que captamos energía desde los pies subiendo en tropel hasta la cabeza y luego, en cada espiración, que transmitimos dicha energía por los hombros, los brazos y finalmente por las manos a la parte corporal dolorida o afectada del paciente. Por supuesto que la concentración debe ser máxima para visualizar la entrada de energía que deberá fluir con la inspiración y la salida con la espiración, siendo deseable que al mismo tiempo que fluya el aire, bien sea hacia dentro o hacia fuera, seamos capaces de visualizar que se mueve girando, en el sentido que se quiera, hacia la derecha o hacia la izquierda, simbolizando así más penetración, con lo que sentiremos más intensamente, cómo la energía espiral asciende hacia nuestra cabeza y baja hacia las manos.

Es precisamente, esta combinación entre respiración y circulación de energía, la base necesaria, donde se sustenta el éxito del Quantum Touch.

Las manos del terapeuta, totalmente relajadas, se deben posar suavemente sobre la parte disonante del sujeto, normalmente apoyando las palmas o realizando lo que se conoce como triplete, (unión de las puntas de los dedos, pulgar, índice y medio), en función de la extensión corporal que se deba abarcar, haciendo barridos si ello fuese necesario. Según vaya realizando sus respiraciones, irá incrementando su frecuencia vibratoria de energía que irá transmitiendo a través de sus manos al cuerpo del paciente, de acuerdo con el principio de resonancia, para que éste recupere de este modo, la frecuencia energética saludable.

Si son dos o más terapeutas los que intervinieran, habrá más posibilidades de éxito inmediato, así como también es posible, que una persona ejerza de terapeuta consigo misma.

El lugar donde se aplique el tratamiento, debe ser tranquilo, sin posibilidad de sobresaltos inoportunos y con una temperatura agradable. El toque cuántico podrá efectuarse con el paciente sentado en un sillón, o una silla, o tumbado sobre una camilla según las necesidades de la intervención, que suele durar de media a una hora aproximadamente, aunque no hay límites estrictos del tiempo que deba emplearse.

Los informes recibidos de las curaciones conseguidas, deben ser recibidos con la cautela necesaria, aunque efectivamente los principios en los que se asienta la teoría son reales y se trata de un enfoque imaginativo y audaz.

Los terapeutas aseguran haber conseguido normalización de escoliosis, rodillas y espaldas arqueadas, ajuste de huesos, sobre todo craneales, reducción de todo tipo de dolores, articulares, inflamatorios, nerviosos, eliminación del estrés y aceleración de cualquier proceso de sanación, ya sea infeccioso, vírico, incluso si se trata de tumores cancerígenos.

En realidad, lo que pretende verdaderamente el Quantum Touch, es aprovechar el entrelazamiento y sincronización de las partículas subatómicas de las que están compuestos todos los campos magnéticos que pueblan el cosmos, incluyendo a los seres vivos, para enlazarlos entre sí y hacerlos partícipes de la energía y de la conciencia vital universal, mediante el toque cuántico entre el terapeuta y el verdadero sanador, que es quién se cura.

La Conciencia cuántica que salió del big bang

"A través del espejo y lo que Alicia encontró allí" (Through the Looking-Glass, and What Alice Found There).

Este cuento clásico infantil escrito en 1871 por Lewis Carroll, seudónimo del británico Charles Lutwidge Dodgson, es la continuación de "Las Aventuras de Alicia en el país de las maravillas". Aunque fue un gran matemático, su faceta literaria fue la que le encumbró a la fama.

Pocos niños no habrán oído hablar en algún momento de su niñez, de las increíbles aventuras de Alicia en un país lleno de maravillas o en la casa del espejo:

Alicia deseaba conocer lo que había al otro lado del espejo de su casa, y un día se sorprendió al ver que podía atravesarlo y descubrió cómo era la vida en aquel lugar, donde todo se hacía al revés que en su mundo físico y donde las flores hablaban y la trataban a ella como si fuera otra flor.............

Recuerdo en mi niñez como iba imaginando, como si fuese real, aquellas divertidas y fantásticas aventuras, sin embargo, con el paso del tiempo llegué a comprender que el mundo de la psique y de las partículas subatómicas es tan auténtico como la vida misma.

Hemos llegado al final de un largo recorrido a través del otro lado del espejo cuántico, y hemos conocido cosas increíbles, más aún, que las que encontró Alicia en el país de las maravillas o al otro lado de su espejo, dónde todas las cosas se veían al revés o dónde las flores hablaban. Y es que hemos descubierto, no sólo que toda la naturaleza habla comunicándose entre sí a través de sus minúsculas partículas subatómicas, sino que hay trillones de posibles universos creando continuos espacios infinitos.

En realidad somos espacio, nuestro aporte material humano es insignificante, nuestros quarks y nuestros electrones, (suponiendo que los bucles de cuerda fuesen sólo un producto de la imaginación), todos ellos apilados, tendrían en su conjunto el tamaño de un grano de arena, el resto es el mismo espacio que puebla este Universo o el de cualquier otro mundo que haya surgido o esté surgiendo en este mismo instante.

Un espacio lleno de un incensante baile de minúsculas partículas y antipartículas que se aniquilan liberando una radiación electromagnética de alta energía, en forma de fotones o de rayos gamma o de otras partículas que desaparecen en brevísimos intervalos de tiempo.

Y es en este fluctuar cuántico dónde también aparece la materia, fruto de la rotura de simetría por las innumerables colisiones que se producen, y aparecen los átomos, y las moléculas y moléculas cada vez más complejas, y la expansión de energía sigue creando el espacio, que a su vez, se atrae a sí mismo al tiempo que se repele.

Y aquí está el secreto de la conciencia que salió del Big Bang, de la conciencia que surgió del mundo cuántico, al igual que todos los que llamamos seres vivos o seres inertes, porque el universo en su conjunto está formado por los mismos sillares, y por espacio, un espacio que no vemos, pero que está ahí dominando la realidad de nuestra existencia.

Absolutamente todo lo que existe, bien sea un gigantesco supercúmulo de galaxias, una nebulosa, una piedra caliza, una mariposa, una brisa de aire fresco, todo está hecho con los mismos ladrillos, unas minúsculas partículas, dotadas de una extrañísima inteligencia creadora, que juegan con la masa y la energía de una forma tan sutil, que ni la magia más poderosa imaginable podría competir con tanto misterio insondable. El origen se reduce a la conceptualización de la nada y la nada sabemos que es algo de dónde brota la energía, la materia y el espacio y que pone en marcha el reloj de la flecha del tiempo con cada universo.

En realidad, la primera piedra filosofal del conocimiento fue algo enormemente más pequeña, que un simple punto con su punto simétrico, su antipunto, constituídos por una sustancia indefinida y desconocida, y que están en movimiento perenne, siguiendo un patrón matemático inmortal, creando lo material y lo inmaterial.

Los quarks, los electrones y los neutrinos, siguen las indicaciones de las fuerzas fundamentales de la naturaleza, la electromagnética, la nuclear fuerte, la nuclear débil, la gravedad, el campo de Higgs....y surgen las galaxias y los planetas y aparece al mismo tiempo la conciencia que coordina el espacio inteestelar y dota de inteligencia a los seres vivos, venidos de la luz y de las estrellas.

Y gracias a la conciencia cuántica, el ser humano es capaz de descubrir lo impensable, la grandeza del universo que le rodea y la belleza de los cuerpos celestes que en él se encuentran y además adquiere el pensamiento y la posibilidad de reflexionar, si la vida ha tenido alguna vez o si tiene, algún sentido, fuera del único placer de vivir cada día como si fuese nuestro último momento.

Y lo más relevante es que estamos compuestos por trillones de partículas subatómicas y que la teoría de una Conciencia Universal como una verdad fundamental de la naturaleza es la más creíble.

-"***Cerebro,*** ¿Qué es en realidad el Universo? ¿Y qué es verdaderamente la Conciencia?

-"Mi Querida ***Conciencia***, el Universo, son trillones y trillones de partículas entrelazadas, agrupadas a lo largo de millones de filamentos, generando un espacio curvilíneo atractivo lleno de cuerpos masivos, que a su vez viajan a velocidades inverosímiles, empujados por la energía interna del propio espacio creado.

Los fotones de luz, recorren incansables espacios eternos, en viajes sin llegada a ninguna parte; las supernovas iluminan grandes extensiones de espacio oscuro con una luz cegadora; soles por todas partes lucen incandescentes, llenando de energía su firmamento; los agujeros negros escriben su historia en hologramas externos......pero tú querida Conciencia, sólo tú, eres el verdadero Universo, pues sin Conciencia no habría Universo, ¿De qué serviría un inmenso cosmos si nadie pudiese observarlo? Cómo diría Heisenberg, todo lo que no se observa y que no es por tanto susceptible de ser medido, no existe.

La realidad objetiva no tiene sentido sin una percepción externa subjetiva. Realmente, si no hubiese surgido la vida inteligente en la Tierra, y no existiese en ningún otro lugar de nuestro Universo o de los infinitos Multiversos que circulan por todas partes, entonces la nada sería eso, la nada, aunque hubiese algo dentro, porque nunca tendría una expresión consciente.

La Luna la pisó el hombre y desde allí pudo contemplar la sublimidad de nuestro planeta azulado y desde tu terraza nocturna: "la noche está estrellada y titilan azules los astros a lo lejos" (Pablo Neruda).

El mayor milagro del Universo, es el Cerebro de los seres vivos y tú Conciencia eres el único Universo. Sin Conciencia no existiría el Universo.

Referencias bibliográficas

-Á. Sancho, P. Lozano, E. de la Ossa. Cromoterapia, el color y la salud. España: Alumnos de Postgrado de Medicina Naturista, sin fecha.

-Adeva, Roberto. Mindfulness: Qué es y cómo practicarlo desde el móvil, Smart Life, 17/02/2015.

-Anestesia y sueño: así se apaga y se reinicia la conciencia, Lainformación.com, 27/11/2012.

-Blanco Naveros, Pedro. De la nada a los infinitos Multiversos, Ediciones Corona Borealis, 2019.

-Blanco Naveros, Pedro. El centinela que nunca duerme: el Cerebro, Editorial Almuzara, 2011.

-Carroll, Lewis. Alicia a través del espejo, (Through the Looking-Glass, and what Alice found there) 1872, publicado en español por Ed. Gaviota.

-Carroll, Lewis. Alicia en el país de las maravillas, (Alice's Adventures in Wonderland), 1865, publicado en español por Ed. Siruela.

.-Chalmers, David J. La mente consciente: En busca de una teoría fundamental, Gedisa, 2009.

-Chalmers, David J. y Clark Andy. La mente extendida, KRK ediciones, 2011.

-Chapman, Alan J. Transmisión del calor, Madrid, Bellisco.

-Ciencia y Conciencia. Max von Laue, 15/04/2012.

.-Elola, Joseba. Silicon Valley: en busca de la siguiente revolución digital, El País Semanal, 30/10/2013.

-García, Pepa. La música de las mariposas del alma, La Verdad, Culturas, 19/08/2016.

.-Gil, Alexandra. Por qué tu piel tiene orgasmos con la música, El Español, 03/06/2016.

-Gödel, Kurt. Über formal unentscheidbare Sätze der Principia Mathematica und verwandter Systeme, I, Monatshefte für Mathematik und Physik (en alemán) **38**: 173-198. 1931.

-Gordon, Richard. El Nuevo Ser Humano. El Toque Cuántico, Editorial Sirio, 2014.

-Gordon, Richard. El Quantum Touch, The Power to Heal, 1999.

-Gordon, Richard. El Toque Cuántico, El Poder de Curar, Editorial Sirio, 2ª edición 2006.

-Gordon, Richard. Tus manos curan: Un tratado práctico sobre la polaridad, Editorial Sirio, 2000.

-Hameroff, Stuart y Penrose, Roger. Consciousness in the universe: A review of the 'Orch OR' theory, Physics of Life Reviews, 2013.

-Hameroff, Stuart. Ultimate Computing, Elsevier, 1987.

.-Hawking, Stephen & Penrose, Roger, La naturaleza del espacio y el tiempo, Editorial Debate, 1996.

-Huston, Tom y Pitney, Joel. Una exploración de la conciencia cuántica, (Entrevista con Stuart Hameroff), EnlightenNext, Número 46, Primavera / Verano, 2010.

-Jáuregui, Pablo. Entrevista a Roger Penrose: El Universo no nació con el Big Bang, sino con una expansión previa, el mundo.es, 18/10/2006.

-Jofré, José Pablo. Muere una mujer en Suiza que se alimentaba solo de los rayos del sol. ABC.es, 29/04/2012.

-Kaku, Michio. El futuro de nuestra mente, Debate 2014.

-Landau & Lifshitz, Teoría clásica de los campos, Ed. Reverté, 1973.

-Laszlo, Ervin. El cambio cuántico, Editorial Kairós, 2010.

-Martín, Uly. Viaje al centro de la máquina, El País Ciencia, 08/03/2015.

-Martinez Gallardo Alejandro. ¿Cómo es que algo surgió de la nada? (Las fluctuaciones cuánticas Vd Dios), 8 agosto 2011.

-Martinez Gallardo, Alejandro. Experimento parece mostrar que la Conciencia afecta a la materia, el observador afecta lo observado, Pijamsurf.com, 06/02/2012.

-Martínez Olmo, Rafael Javier. La Geometría Cuántica del Espacio-tiempo Modelo de Unificación de Relatividad General y Mecánica Cuántica, Piquico, 2015.

-Martínez, Yaiza. La información podría ser uno de los constituyentes básicos de la materia, Tendencias 21, 16/12/2010.

-McTaggart Lynne. El campo, Sirio, 2006.

-McTaggart Lynne. El Experimento de la Intención, Sirio, 2008.

-Moreno, Marcos. Sentencia histórica, Cecilia, la primera chimpacé a la que declaran "persona". elespanol.com, 08/04/2017.

-Nielsen, Michael A. and Chuang, Isaac L., Quantum Computation and Quantum Information, Cambridge University Press, Reino Unido, 2000.

-Penrose, Roger & Abner Shimony, Nancy Cartwright, Stephen Hawking, Malcolm Longair, Lo grande, lo pequeño y la mente humana, Cambridge University Press, 1999.

-Penrose, Roger & Hawking, Stephen, Cuestiones cuánticas y cosmológicas, Alianza Editorial, 1995.

-Penrose, Roger, Prólogo de Einstein 1905: un año milagroso, Planeta, 2004.

-Penrose, Roger, Thoudam Damodara Singh. Science, Spirituality, and the Nature of Reality, Bhaktivedanta Institute. 2005.

-Penrose, Roger. "Ciclos del Tiempo. Una extraordinaria nueva visión del universo", Debate, Barcelona, 2010.

-Penrose, Roger. El camino a la realidad: una guía completa a las leyes del universo, Editorial Debate, 2006.

-Penrose, Roger. La mente nueva del emperador, Consejo Nacional de Ciencia y Tecnología. Fondo de Cultura Económica. MÉXICO. 1989.

-Penrose, Roger. Las sombras de la mente: hacia una comprensión científica de la consciencia, Editorial Crítica, 1996.

-Presas, Albert. El científico en su papel: ciencia y teatro, quark.prbb.org, 17/09/2016.

-Radin, Dean. The Conscious Universe: The Scientific Truth of Psychic Phenomena, 1997.

-Rafapal. La física cuántica confirma que creamos nuestra realidad, rafapal.com, 20/09/2016.

-Ramanujan. ¿Existen realmente las partículas elementales?, 20/06/2014.

-Raya, Adrián. Mark Zuckerberg quiere leernos los pensamientos en 50 años, y no va desencaminado, Omicrono, El Español, 17/06/2016.

-Segura González, Wenceslao, Teoría de campo relativista, eWT Ediciones, 2014.

DeFelipe J. Musical representation of dendritic spine distribution: A new exploratory tool. Neuroinformatics, 2014.

-Weisenberg RC. Microtubule formation in vitro in solutions containing low calcium concentrations, Science, 177:1104–5, 1972.

-Yanes, Javier. El Nobel que Ramón y Cajal nunca recibió, OpenMind, 18/10/2014.

-Zavia, Matías S. Inscriben una inteligencia artificial en un concurso literario. Queda finalista, Gizmodo.com, 24/03/2016.

-Zavia, Matías S. Una inteligencia artificial pinta un nuevo cuadro de Rembrandt tras estudiar toda su obra, Gizmodo.com, 04/08/2016.

RECOMENDACIONES

Ediciones Corona Borealis

www.coronaborealis.es

LOS PODERES OCULTOS DE HITLER
Fermín Castro González

EL PEREGRINO DESOLADO. Los años Perdidos de Jesús
José Ortega

MAYAS, EL CICLO DESCONOCIDO.
El enigma de la pirámide de Palenque
Dino Alreich

DESVELANDO A LOVECRAFT: El mejor escritor de terror del siglo XX
Fermin Castro

MANUAL DE TRANSFORMACIÓN DE LOS VALIENTES
Fulgencio Garrido López

CORONA BOREALIS

Made in the USA
Monee, IL
04 November 2026

67387161R00125